Christian Zeppetzauer

Drechseln

stv

Christian Zeppetzauer

Drechseln

leicht gemacht!

Leopold Stocker Verlag
Graz – Stuttgart

Umschlaggestaltung:
DSR Werbeagentur Rypka GmbH, 8143 Dobl/Graz
Titelbild: Bilderwerk (Wien)

Bildnachweis:
Die Bilder im Textteil wurden freundlicherweise vom Autor zur Verfügung gestellt.

Bibliografische Information der Deutschen Nationalbibliothek
Die Deutsche Nationalbibliothek verzeichnet diese Publikation in der Deutschen Nationalbibliografie; detaillierte bibliografische Daten sind im Internet unter http://dnb.d-nb.de abrufbar.

Hinweis: Dieses Buch wurde auf chlorfrei gebleichtem Papier gedruckt. Die zum Schutz vor Verschmutzung verwendete Einschweißfolie ist aus Polyethylen chlor- und schwefelfrei hergestellt. Diese umweltfreundliche Folie verhält sich grundwasserneutral, ist voll recyclingfähig und verbrennt in Müllverbrennungsanlagen völlig ungiftig.

Auf Wunsch senden wir Ihnen gerne kostenlos unser Verlagsverzeichnis zu:
Leopold Stocker Verlag GmbH
Hofgasse 5 / Postfach 438
A-8011 Graz
Tel.: +43 (0)316/82 16 36
Fax: +43 (0)316/83 56 12
E-Mail: stocker-verlag@stocker-verlag.com
www.stocker-verlag.com

ISBN 978-3-7020-1234-2

Layout und Repro: DSR Werbeagentur Rypka GmbH, 8143 Dobl/Graz

Inhalt

Vorwort

Die Liebe zum Holz und die Faszination, ein Stück Holz in einen harmonischen Gegenstand zu verwandeln, waren sicherlich zwei wesentliche Gründe, warum ich das uralte Handwerk des Drechslers, welches bereits auf ägyptischen Steinreliefs zu finden ist, erlernen wollte. Drechseln ist nicht nur die Fertigkeit, Werkstücke herzustellen, vielmehr muss sich der Drechsler mit Form, Proportionen und Harmonie beschäftigen.

Ein gutes Formgefühl und die Beherrschung der Technik des Drechselns machen dieses Handwerk zu einem Zusammenspiel von Geist und Körper.

Drechseln ist eine schöpferische Tätigkeit, bei der dem eigenen Ideenreichtum kaum Grenzen gesetzt sind. Einen Gegenstand mit Formen nicht zu überladen, macht einen guten Drechsler aus. Der beste Drechsler stellt aber nur bedingt zufriedenstellende Arbeiten her, wenn es ihm an diesen Fähigkeiten mangelt.

Die Freude am Drechseln bleibt nur dann ungetrübt, wenn die entstandenen Stücke auch sauber ausgeführt sind. So manch einer hat die Freude an diesem Handwerk nie erfahren können, weil er die richtige Technik und Handhabung der Werkzeuge nicht erlernte. Daher ist es besonders wichtig, sich die Zeit zu nehmen, an Übungsstücken die Kunst des Schneidens zu erlernen. Die Ungeduld, es nicht erwarten zu können, ein brauchbares Werkstück zu fertigen, lässt jeden Anfänger scheitern. Um ein vollendetes Meisterstück drechseln zu können, bedarf es sehr viel an Übung, Ausdauer und Beständigkeit.

Ist die Kunst des Drechselns jedoch erlernt, kann man sich stets über neue Unikate freuen. Jedes einzelne Stück, welches von Hand gefertigt wurde, hat seine eigene Note.

Die Vielseitigkeit, Abwechslung wie auch die vielen verschiedenen Gestaltungsmöglichkeiten machen dieses Handwerk so einmalig.

Mit diesem Buch habe ich mich bemüht, die einzelnen Schritte und Grundtechniken des Drechselns darzustellen, wobei die Priorität in der Vermittlung der richtigen Grundtechnik liegt. Mit zahlreichen Fotos möchte ich die Verständlichkeit erleichtern.

Das Thema „Drechseln" reicht vom einfachen Möbelknopf bis hin zur Herstellung einer Kugel. Ob einfaches oder komplexes Werkstück, das Drechseln soll dem Handwerker stets Freude bereiten.

Entwicklung des Drechselns während des letzten Jahrzehnts

Durch die Automatisierung dieses Berufes wird die Vielfältigkeit der Produkte extrem eingeschränkt. Die Freiheit und die Möglichkeiten der Formgebung sind mit solchen Maschinen nicht möglich. Die vollautomatischen Drechselmaschinen können die Ausführungen in der gewünschten Qualität bei weitem nicht bewerkstelligen. Diese Automatisierung stieg in den letzten zehn Jahren enorm an, was einige kleine Unternehmer zur Schließung ihres Betriebes gezwungen hat. Auch der Bekanntheitsgrad dieses Handwerksgewerbes ist extrem niedrig, was sicherlich zu seinem Rückgang beiträgt. Leider werden diverse Drechslereiprodukte immer wieder von aufwändig tischlerisch gestalteten Möbeln in den Schatten gestellt. Bei der Betrachtung eines Tisches stehen die Tischlerarbeiten gegenüber den Drechselarbeiten im Vordergrund. Vielen Kunden ist nicht bewusst, dass eine Vielzahl von Möbeln auch aus gedrechselten Gegenständen besteht.

Die Entwicklung der letzten zehn Jahre zeigt einen deutlichen Rückgang der Drechslereibetriebe. Gab es in Österreich 1992 noch 759 gemeldete Betriebe, so waren es im Jahre 2002 nur noch 614. Dies bedeutet einen Rückgang von 145 Mitgliedern. Ebenso fiel in den letzten fünf Jahren die Zahl der Lehrlinge in Oberösterreich von 16 auf 6 ab. Die in Oberösterreich abgelegten Meisterprüfungen mit einem Durchschnitt von 4 Prüfungen pro Jahr sind zum Vergleich der Lehrlinge relativ hoch.

So kann man wohl sagen, dass durch die Entwicklung der Nachfrage an gedrechselten Gegenständen der Beruf Drechsler im herkömmlichen Sinn nicht mehr so aktuell ist wie einst. Durch vollautomatisierte Betriebe ist das handwerkliche Geschick in seinem ursprünglichen Ausmaß nicht mehr gefragt. Ich befürchte sogar, dass das

Handwerk des Drechslers in seiner herkömmlichen Form vom Aussterben bedroht ist. Manche, über Jahrhunderte überlieferte Techniken werden verloren gehen, wie dies bereits beim Beruf des Wagners eingetreten ist.

Der Drechsler wird sich von der handwerklichen Tätigkeit zum Programmierer entwickeln, welcher nur mehr Einstellungen und wenige manuelle Tätigkeiten an einer Maschine durchführen wird.

Gewiss sind Zukunftschancen für den Drechsler in Form von Spezialgebieten vorhanden, das Ausmaß wird jedoch immer geringer werden. Drechsler, die auf rein künstlerischer Ebene arbeiten, werden sicherlich weiterhin erfolgreich sein. Einige Lehrlinge werden auch Arbeit in einem Drechslereibetrieb finden, sie werden aber ihr Betätigungsfeld ändern und sich auf das Arbeiten mit vollautomatisierten Maschinen umstellen müssen. Die von der Wirtschaft geforderten Drechselgegenstände können auf diesen Maschinen hergestellt werden. Man muss aber auch einräumen, dass ein Drechsler in früheren Zeiten für das Herstellen von Geländersprossen, im Gegensatz zu automatisierten Drechselmaschinen, ein Vielfaches an Zeit aufwenden musste.

Der Werkstoff Holz

Holz ist neben Horn, Elfenbein, Harz und Kunststoff der wichtigste Werkstoff des Drechslers. Im Gegensatz zum Tischler, der hauptsächlich den Stamm eines Baumes verarbeitet, verwendet der Drechsler auch Wurzeln, Wurzelstock, Maserknollen und Äste.

Holz ist ein nachwachsender, umweltschonender und umweltverträglicher Rohstoff, wenngleich man gut daran täte, sorgfältig mit seinem Verbrauch umzugehen. Dieser Werkstoff kann durch Feuchtigkeitsauf- oder -abgabe seinen Feuchtigkeitsgehalt und damit gleichzeitig sein Gewicht und seine Dimension verändern (Quellen, Schwinden). Diese Veränderung nennt man „Arbeiten des Holzes". Das Schwinden ist je nach Holzart, Dichte und Richtung im Baumstamm verschieden. Holz ist ein Werkstoff, der besonders durch seine natürlich gewachsene Schönheit sehr beliebt ist. Diese natürliche Schönheit drückt sich vor allem in Farbe, Glanz, Zeichnung und Geruch aus. Holz ist allgemein als angenehmer und warmer Werk-

stoff bekannt, dessen Verwendung sehr vielseitig ist. Die Verarbeitung von Holz hat eine unendlich lange Tradition. Gleichzeitig ist es auch ein moderner Werkstoff, der alle ökologischen Vorteile auf seiner Seite hat. Holz dient nicht nur als Brennstoff, sondern wird zu verschiedensten Gegenständen verarbeitet. Dieser Werkstoff lässt sich unter Verwendung von Holzbearbeitungsmaschinen relativ leicht bearbeiten. Holz wird im Außen- wie auch im Wohnbereich verwendet, wobei uns der Werkstoff im Innenbereich Behaglichkeit und Wärme vermittelt. Die bekannteste Form, Holz zu verarbeiten, ist wohl die Fertigung von Möbeln. Jedoch nicht nur Möbel und Gebrauchsgegenstände finden wir im täglichen Leben, sondern auch Konstruktionen im Bauwesen, bei denen auf Holz zurückgegriffen wird. Denken wir an ein Holzhaus, einen Dachstuhl oder eine Fassadenverschalung, wofür seit Jahrhunderten Holz verwendet wird. Der Drechsler verarbeitet Holz meistens zu runden Gebrauchsgegenständen wie Ladenknöpfen, Tisch- und Sesselfüßen, Stehlampen, usw. Im ländlichen Bereich ist die sogenannte „Zirbenschüssel" sehr bekannt. Diese Schüssel ist aus Zirbenholz gefertigt und dient meist als Obstschale, da das Zirbenholz einen sehr intensiven und angenehmen Geruch verströmt. Es ist bekannt, dass Holz, welches zu bestimmten Zeiten und Mondphasen geschlägert wird, unterschiedliche Schwundmasse und Eigenschaften besitzt.

Ein Stück Holz hat unterschiedliche Eigenschaften, welche von der Baumart und der Lage im Stamm abhängig sind. Jedes Holzstück ist ein Unikat – keines gleicht dem anderen, auch wenn es dieselbe Holzart ist. Die Umwelt beeinflusst die Eigenschaften und das Wachstum der Bäume. Bodenbeschaffenheit, Witterungseinflüsse und die Lage eines Baumes bestimmen dessen Qualität. Grundsätzlich gilt, je feinjähriger ein Baum gewachsen ist, umso begehrter ist das Holz für qualitativ hochwertige Produkte im Möbelbau. Langsam gewachsene Bergfichten, auch **Haselfichten** genannt, werden für den Geigenbau verwendet. Daher wird dieses Holz auch Klangholz genannt. Das Alter eines Baumes bestimmt auch die Holzqualität. Ein im Winter geschlagenes Holz hat den Vorteil, dass diese Bäume nicht mehr im Saftfluss stehen, das Holz nicht von Schädlingen befallen werden kann, rascher trocknet und sich nicht so stark verzieht. Durch die Aufnahme von Nährsalzlösungen aus dem Boden und Kohlendioxyd (CO_2) aus der Luft entstehen Traubenzucker und Stärke bzw. Zellulose. Diese Umwandlung, welche das Wachstum eines Baumes bedeutet, nennt man Assimilation. Für unsere Umwelt spielt dieser Prozess eine sehr große Rolle.

Haselfichte

Der Drechsler verwendet vorwiegend feinporige Hölzer mit einer gleichmäßigen Struktur, bei denen der Unterschied zwischen harten und weichen Jahresringen nicht zu groß ist.

Einige bevorzugte Hölzer

Ahorn

Grundsätzlich unterscheidet man zwischen Berg-, Feld- und Spitzahorn. Die Farbe des Bergahorn ist fast rein weiß, Spitzahorn ist etwas getönt gelblich bis schwach grau, Feldahorn selten weiß, fast immer rötlich. Als Alterstönung zeigt das Ahornholz eine deutliche Vergilbung. Der Splint unterscheidet sich beim Ahorn farblich nicht vom Kernholz.

Apfelbaum

Der Apfelbaum kommt auf allen Erdteilen in kultivierter und wilder Art vor. Apfelholz ist rosa bis rötlich braun, oft mit dunkleren Streifen und unregelmäßigen, flächigen, dunklen Partien charakterisiert, wodurch dieses Holz sehr dekorativ wirkt. Der Stolz manch alten Tischlers war ein selbst angefertigter Hobel aus Apfelbaumholz, das für diesen Zweck jahrelang sorgfältig gehütet und gepflegt wurde.

Rotbuche

Die Rotbuche kommt hauptsächlich in Europa vor. Das Kern- und Splintholz unterscheidet sich farblich nicht. Die Farbe ist weißlich-grau mit blass gelblich rötlicher Tönung. Es ist sehr vielseitig verwendbar und das am häufigsten verwendete Gebrauchsholz. Buchenholz ist stark schwindend, hart, fest und gut zu bearbeiten. Das Dämpfen von Buchenholz bewirkt eine Egalisierung und Intensivierung der rötlichen Farbe, und das Stehvermögen wird günstig beeinflusst.

Buchsbaum

Die strauchartig wachsenden Stämme erreichen nur sehr selten maximale Abmessungen von 3 bis 4 Metern Länge und einen Durchmesser von 30 cm. Buchsbaumholz ist gelblich mit bräunlicher oder grünlicher Tönung, öfters mit schwach dunklen Streifen. Der Buchsbaum ist sehr anfällig für Verfärbungen durch Feuchtigkeit und Pilze.

Erle

Von den im europäischen Raum verbreiteten Erlen-Arten ist holzwirtschaftlich die Schwarzerle (auch Roterle genannt) von Bedeutung. Das Holz der Weiß- oder Grauerle wird weniger geschätzt, es ist leichter und qualitätsmäßig der Schwarzerle unterlegen. Kern- und Splintholz unterscheiden sich farblich nicht. Ihre Farbe reicht von Gelb bis Orangefarben, bräunlich nachdunkelnd.

Birnbaum

Das Birnenholz hat ein ziemlich einheitliches Bild, die Farbe reicht von blass-grau bis rötlich-braun. Ältere Stämme sind oft intensiv rot und stark bräunlich nachdunkelnd. Birnbaumholz wird meistens gedämpft, um eine Egalisierung und Vertiefung der rötlichen Farbe zu erreichen.

Eibe

Das Eibenholz hat auffallend enge, meist wellig verlaufende Jahresringe mit schmalem, dunklem Spätholz ohne Harzkanäle. Das Holz ist gelblich bis rotbraun, meist violettstichig, wobei diese Eigenschaft beim Nachdunkeln verloren geht. In Österreich und Deutschland steht die Eibe unter Naturschutz und es gibt nur noch wenige gezählte Exemplare dieses langsamwüchsigen Baumes, der ein Alter bis über 2000 Jahre erreichen kann. Das wenige im Handel befindliche Holz wird importiert. Das Holz der Eibe wurde bereits in vorgeschichtlicher Zeit für Waffen und Geräte geschätzt, der eiszeitliche Jäger benutzte für die Mammutjagd Eibenspeere, wie gut erhaltene Funde eindeutig bewiesen haben.

Nussbaum

Der Nussbaum kommt vorwiegend im europäischen Raum vor, jedoch auch in Kleinasien, dem nördlichen Indien und in China, hierbei spricht man von Amerikanischer Nuss. Im Gegensatz zum heimischen Nussbaum ist er einheitlicher strukturiert, aber gröber, Faserabweichungen kommen seltener vor. Der heimische Nussbaum charakterisiert sich durch seine dunkelbraune Farbe sowie je nach Wachstumsbedingungen schlichte bis gewolkte und gefladerte Arten mit zum Teil markanten bräunlichen bis schwarzen Zeichnungen.

Kirschbaum

Dieser Baum ist auf allen Teilen der Erde in kultivierter und wilder Art anzutreffen. Die Farbe des Holzes ist blassgelb rötlich, gelegentlich grünstichig und grünstreifig. Der Kirschbaum neigt zum orange-rotbraunen Nachdunkeln. Er erfordert als Stamm- und auch als Schnittholz sorgfältige Pflege, um unschöne Verfärbungen zu vermeiden. Das Holz der Wildkirsche ist feiner in der Struktur, feinjähriger und von schöner gleichmäßiger Farbe. Die Gartenkirsche dagegen ist meist gröber, hat breitere und ungleichmäßige Jahresringe und ist von unterschiedlicher gelblicher Farbe.

Olivenholz

Olivenholz ist gelblich-braun mit auf allen Schnitten auffallenden, unregelmäßig verlaufenden, verschieden breiten Streifen und zusammenhängenden Fleckenbildungen, wodurch sehr schöne, lebhafte, oft ausgeprägte marmorierte Zeichnungen entstehen.

Weißbuche

Die Weißbuche kommt im gesamten europäischen Raum, außer Südwest- und Nordeuropa, vor. Die Farbe des Holzes ist Gelblich-Weiß bis schwach Hellgrau. Kern- und Splintholz unterscheiden sich farblich nicht. Eine der besonderen Eigenschaften der Weißbuche ist die Zähigkeit sowie die große Abnutzungsbeständigkeit. Die Weißbuche hat keinerlei Ähnlichkeit mit der Rotbuche, weder botanisch, noch im Aussehen, noch in den Eigenschaften.

Zirbelkiefer

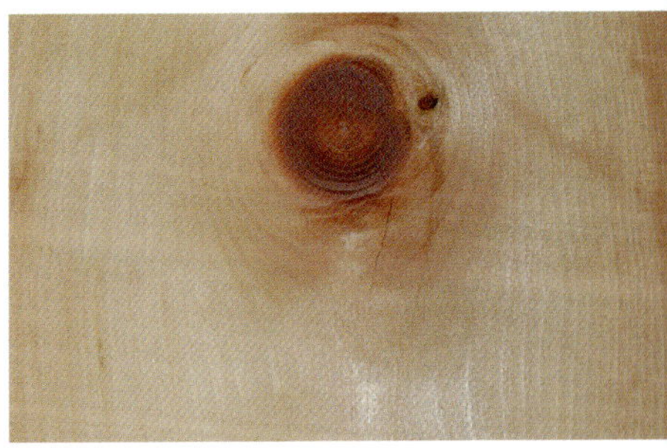

Was wäre die Drechslerei ohne die beliebten Zirbenschüsseln in all ihren Größen und Ausführungen. Die Zirbe wächst im Hochgebirge und kann an günstigen Standorten bis zu 25 Meter hoch werden und einen Durchmesser von bis zu 80 cm erreichen. Der Kern dieses Holzes ist hellrötlich, während der Splint gelblich bis weiß ist. Zirbenholz ist sehr weich, leicht und schwindet wenig. Sehr beliebt ist der harzige Geruch dieser Holzart. Zirbenholz ist sehr harzreich, daher muss es bei einigen Oberflächenbehandlungen vorher entharzt werden. Dieser Arbeitsschritt wird im Kapitel Oberflächenbehandlung erklärt.

Zwetschkenholz

Zwetschkenholz zeichnet sich durch mäßig schwindende, sehr harte, feste, etwas spröde Eigenschaften aus. Die Farbe reicht von Rot bis Violett-Braun mit hellen und dunklen Streifen. Auffallend ist die stellenweise sehr intensive violette Tönung, die allerdings im Laufe der Zeit verblasst. Die geringen Dimensionen des Zwetschkenholzes beschränken die Verarbeitungsmöglichkeit dieses sehr dekorativen Holzes.

Natürlich richtet sich die Holzauswahl nach dem herzustellenden Gegenstand und dessen Funktion. So wird ein Sesselfuß aus zähem, belastbarem Holz wie z. B. Esche gefertigt werden. Fichte und andere Weichhölzer finden meist für Tischlerarbeiten (Möbelknopf, Stiegensprosse) Verwendung. Edelhölzer wie Buchsbaum, Eibe usw. werden meist zu dekorativen Werkstücken geformt.

Mit der richtigen Technik des Schneidens lassen sich alle Holzarten, auch extrem harzreiche Hölzer wie die Kiefer mühelos bearbeiten.

In der Drechslerei unterscheidet man zwischen Längs- und Querholz. Während aus Längsholz Sprossen, Knöpfe und Füße hergestellt werden, bearbeitet man Querholz zu Schalen, Rahmen und Teller. Der Unterschied liegt im Faserverlauf und der Ein und Aufspannart des Holzes. Während im Längsholzbereich die Faserrichtung parallel zur Rotationsachse steht, verläuft jene im Querholzbereich quer zur Drehachse.

Die Werkstatt des Drechslers

Im Gegensatz zum Tischler ist der Drechsler mit wenigen Maschinen ausgestattet.

Dazu gehören:

- Drechselbank
- Ständerbohrmaschine
- Tellerschleifmaschine
- Schleifbock
- Von Vorteil sind natürlich auch Maschinen wie Bandsäge, Dickenhobelmaschine, Abrichthobelmaschine, Langlochbohrmaschine, Verleimständer oder Verleimbretter
- Natürlich darf in einer Drechslerei die Hobelbank nicht fehlen.

Der Hobbydrechsler wird sich aber eine Dickenhobelmaschine, eine Abrichthobelmaschine oder eine Langlochbohrmaschine auf grund der hohen Anschaffungskosten nicht leisten. Um eine ordentliche Drechselarbeit durchführen zu können, ist es aber schon notwendig, dass das zu bearbeitende Werkstück in den richtig zugehobelten Maßen vorliegt.

Um diese Vorbereitungsarbeiten ordentlich durchzuführen kann man natürlich auch eine Tischlerei aufsuchen. Dadurch erspart man sich die hohen Anschaffungskosten für diese Maschinen.

Ein Handhobel reicht für diese Vorbereitungsarbeiten allerdings nicht, da man damit die notwendige Genauigkeit nur ganz schwer erreicht.

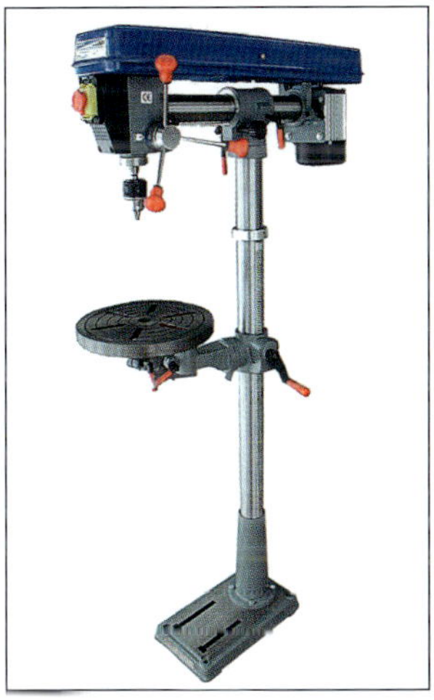

Ständerbohrmaschine

Die Räumlichkeiten der Werkstätte sollten über möglichst viel Tageslicht verfügen. Die Drechselbank soll möglichst an einem Fenster platziert und auf die Größe des Bedieners abgestimmt sein. Der Fußboden sollte rutschfest und isoliert ausgeführt sein. Da Holzstaub zu schweren Erkrankungen führen kann, ist eine Feinstaubabsaugung für anfallende Schleifarbeiten unbedingt notwendig. Bei künstlicher Beleuchtung ist dafür zu sorgen, dass besonders der Arbeitsplatz an der Drechselbank ausreichend ausgeleuchtet ist. In der Werkstätte soll stets Ruhe und Ordnung herrschen.

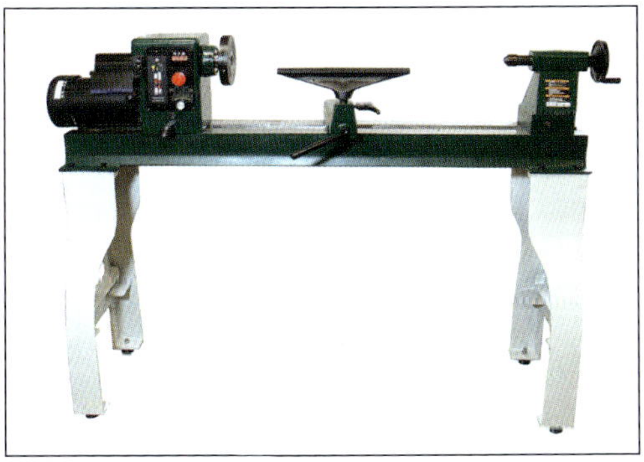

Drechselbank (oben links)
Schleifbock (oben rechts)
Hobelbank (unten links)
Tellerschleifmaschine (rechts)

Die Drechselbank

Die Holzdrehbank ist das Kernstück der Drechslerwerkstatt. Eine Drechselbank entspricht in ihrem Aufbau im Wesentlichen einer Drehmaschine, wobei bei der Holzbearbeitung das Werkzeug nicht fest in eine Werkzeugaufnahme auf einem Schlitten gespannt ist und somit auch keine automatischen Vorschübe zur Verfügung stehen. Beim Kauf einer Drechselbank sollte man einige Dinge beachten. Für einen ruhigen Lauf der Maschine sind die Lagerung und die Bauart der Drechselbank wichtig. **Die Bauweise soll massiv ausgeführt sein**, damit Vibration und Unwucht der Werkstücke aufgefangen werden. Die rotierende Spindel muss im Spindelkasten stark und großdimensioniert gelagert sein. **Spitzenhöhe** und **Spitzenweite** richten sich nach den angestrebten Tätigkeiten, welche auf der Maschine durchgeführt werden sollen, da man keine größeren Teile drechseln kann als diese Abmaße es zulassen. So ist für einen Drechsler, welcher in erster Linie nur Schalen drechseln will, die Spitzenhöhe relevant, während für Arbeiten im Längsholzbereich wie Säulen, Geländersprossen die Spitzenweite wichtig ist. Als handelsübliche Maße gelten bei der **Spitzenhöhe 200 bis 300 mm** und bei der **Spitzenweite 1.000 bis 1.400 mm**. Ein unüberlegter Maschinenankauf führt auf Dauer nur zu Frustration und Unzufriedenheit. Die Arbeitshöhe muss jeweils an den Bediener angepasst werden.

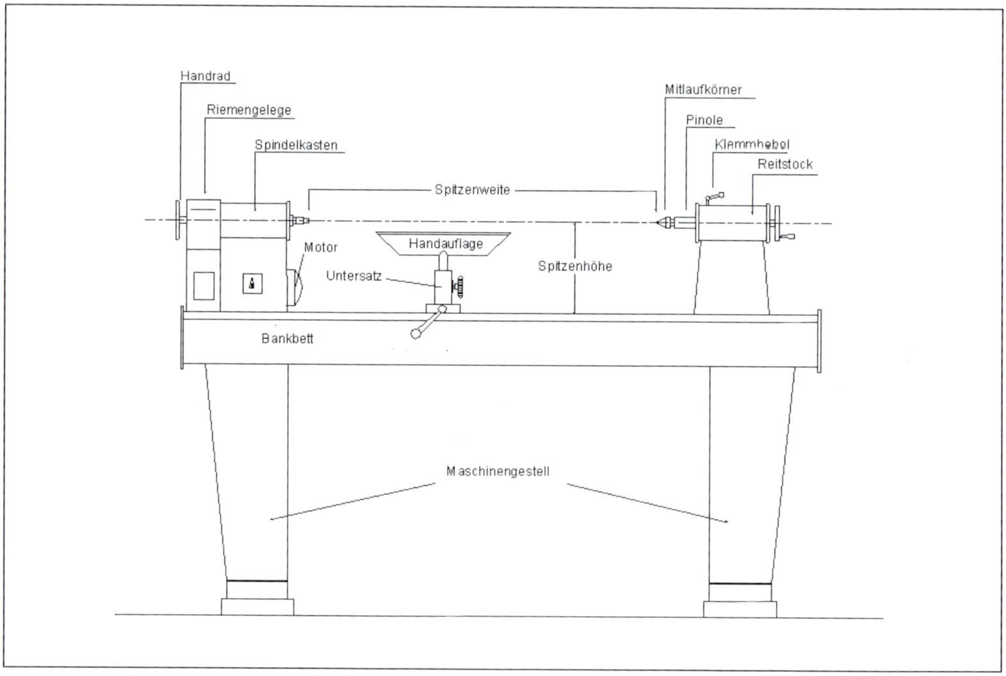

Bau und Ausführung der Drechselbank

Das Maschinengestell

Es sollte so schwer wie möglich ausgeführt sein, um der Holzdrehbank einen guten Stand zu geben **(Abb. 1)**. Notfalls kann diese mit dem Fußboden verschraubt werden.

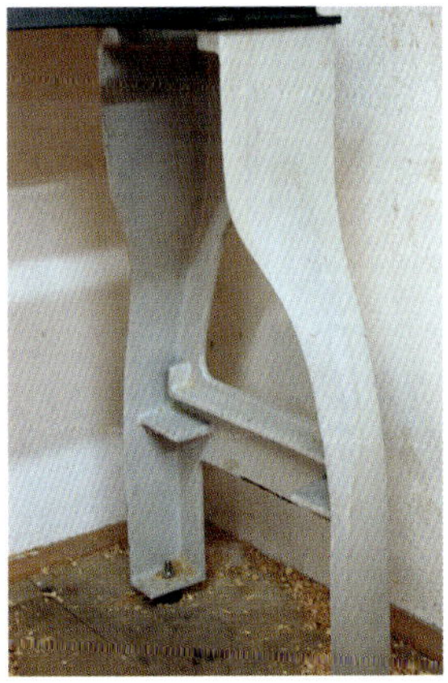

Abb. 1

Das Bankbett

Das Bankbett ist vorzugsweise aus Grauguss gefertigt, um Verwindungen zu vermeiden **(Abb. 2)**. Auf ihm sind zwei Wangen montiert, welche absolut gerade und plan sein müssen. Die Oberflächen der Wangen, auf welchen der Reitstock und die Handauflage geführt werden, sind geschliffen. Um größere Durchmesser im Querholz spannen zu können, kann das Bankbett auch gekröpft ausgeführt sein.

Abb. 2

Der Spindelkasten

Er ist der linke Fixteil der Maschine, in dem sich die Antriebseinheit und die Spindel befinden **(Abb. 3)**. Die Antriebseinheit besteht aus dem Motor (1,5 bis 3 PS), den Riemenscheiben, den Riemen und der Spindel. Die Riemenscheiben können für Flach- oder Keilriemen ausgeführt sein. Sie ermöglichen durch Umlegen der Riemen verschiedene Drehzahlen der Spindel. Optional sind auch Frequenzumformer (Potentiometer) erhältlich, welche ein stufenloses Regeln der Drehzahl ermöglichen. Die Drehzahl ist stets von der Größe und dem Umfang des Werkstücks abhängig. Auch wird zwischen Längs- und Querholzdrehen ein Unterschied bestehen. Werden im Längsholzbereich meist Drehzahlen zwischen 900 und 3.000 U/min. eingestellt, sind im Querholzbereich oft Geschwindigkeiten von 180 bis 1.700 U/min. notwendig. Außen am Spindelkasten ist das Schaltelement montiert. Die Schalter bestehen aus einem EIN – AUS Element, einem Wahlschalter für zwei Geschwindigkeitsstufen, einem Wechselschalter für Rechts- und Linkslauf und einem NOT AUS – Tastschalter. Aus sicherheitstechnischen Gründen darf auf diesen zuletzt erwähnten Bedienschalter nicht verzichtet werden.

Abb. 3

Der Reitstock

Er ist aus Grauguss gefertigt und kann auf dem Bankbett beliebig verschoben und in jeder Position mittels Exzenterhebel fixiert werden **(Abb. 4)**. Im Reitstock befindet sich die Pinole mit dem Innenkonus MK3 zur Aufnahme des Körners **(Abb. 5)**. Die Körnerspitze ist im Konus gespannt und kann mit Hilfe eines Eisenkeils aus dem Konussitz gehoben werden **(Abb. 6)**. Sie kann mit dem Handrad nach vor und zurück gekurbelt werden und ermöglicht so das Spannen des Werkstückes zwischen Mitnehmer und Körnerspitze **(Abb. 7)**. Mit dem Fixierhebel wird die Pinole geklemmt, um einen durch Vibrationen möglichen Spanndruckverlust zu verhindern **(Abb. 8)**. In der Serienfertigung werden Reitstöcke mit einer Schnellspannvorrichtung verwendet.

Abb. 4

Abb. 5

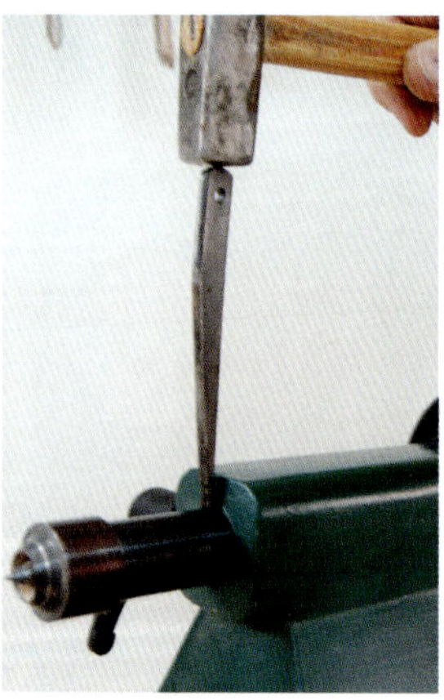

Abb. 6

Abb. 7

Abb. 8

Die Handauflage

Sie kann ebenfalls beliebig am Bankbett positioniert werden und bietet die Grundlage zur Führung der Werkzeuge **(Abb. 9)**. Die Auflage kann in der Höhe verstellt werden und ermöglicht so die Bearbeitung verschiedener Durchmesser und Größen. Ebenso besteht die Möglichkeit, die Handauflage zu drehen, um stirnseitige Arbeiten durchzuführen zu können. Da die Auflage zum Führen der Werkzeuge dient, muss jene unbedingt gerade, rechtwinkelig und plan sein. Damit die Werkzeuge auch einwandfrei geführt werden können, darf die Auflagenkante keinesfalls Beschädigungen aufweisen.

Abb. 9

Die Drehspindel

Sie sollte als Hohlspindel mit einem Innenkonus, Morse-Konus (z. B. MK 3), welcher die Aufnahme eines Mitnehmers ermöglicht, ausgeführt sein **(Abb. 10)**. Eine Hohlspindel hat den Vorteil, dass mehr Spannmöglichkeiten, wie z. B. das Spannen mit Vakuum, möglich sind. Das Spindelgewinde ermöglicht das Aufschrauben von Spannvorrichtungen. Um problemlos verschiedene Aufspannvorrichtungen benützen zu können, sollte es sich hierbei um ein Normgewinde wie z. B. das Spindelgewinde M33 handeln. Die Hohlspindel läuft durch den Spindelkasten und ist in ihm gelagert. Mit der Spindel sind die Riemenscheiben verbunden. In einem weiteren Kapitel dieses Buches werden Sie erfahren, dass die Hohlspindel auch kräftigen Schlägen standhalten muss, daher müssen die Lager und der Lagersitz besonders stark ausgeführt sein. Meist handelt es sich dabei um Mehrfachlagerungen mit vorgespannten Schulterlagern und Gegendrucklagern.

Das Handrad

Es befindet sich auf der linken Seite des Spindelkastens, ermöglicht das Durchdrehen der Spindel als Probelauf und zum Prüfen des Arbeitsergebnisses **(Abb. 11)**.

Abb. 10

Abb. 11

Ein- und Aufspannvorrichtungen

Bei den Spannvorrichtungen gibt es zwei Kategorien: jene, welche die Unterstützung des Reitstockes brauchen, und jene, welche ohne Hilfe des Reitstockes verwendet werden. Die Vorrichtungen können entweder im Konus der Spindel (MK 3) sitzen oder auf das Spindelgewinde (M 33) aufgeschraubt sein. Bei aufgeschraubten Futtern ist darauf zu achten, dass jene ohne Spiel am Gewindeflansch sitzen **(Abb. 1: Falsch,**

Abb. 1: FALSCH

Abb. 2: RICHTIG

Abb. 2: Richtig). Ist dies nicht der Fall, geschieht dies beim ersten Start der Maschine und die beiden Gewinde verkanten sich ineinander, was ein Lösen des Futters sehr erschwert. Ein und Aufspannvorrichtungen können vielseitig verwendet werden, der kreative Drechsler findet immer eine Möglichkeit, sein Werkstück zu spannen. Oft kommen auch selbst gefertigte Spannvorrichtungen zum Einsatz.

Verschiedene Ein- und Aufspannvorrichtungen

Der Mitnehmer

Der Mitnehmer, auch Zwirl genannt, kann nur in Verbindung mit dem Reitstock verwendet werden und findet im Längsholzbereich seine Anwendung. Dieser wird in der Hohlspindel montiert und hat denselben Morse-Konus (MK) wie die Spindel. Sie sind mit MK 1 bis MK 4 erhältlich und haben meist vier bis sechs schräg angeschliffene Mitnehmerschneiden, welche in das Hirnholz eindringen, und eine Zentrierspitze **(Abb. 1)**. Bei Weichholz sind weniger Zacken besser, da diese nicht so leicht durchdrehen können. Um das Werkstück zentrisch zu halten, muss die Zentrierspitze unbedingt länger (ca. 3 bis 6 mm) als die Schneiden sein. Es gibt auch Mitnehmer mit nur zwei Schneiden, welche bei schräg geschnittenen Spannflächen (Tischfuß) verwendet werden **(Abb. 2)**. Der Zwirl wird mittels Eisenstange von Hinten durch die Hohlspindel herausgeschlagen. Bei Drechselbänken ohne Hohlspindel müssen Mitnehmer mit einer Kragenmutter, welche das Lösen ermöglicht, verwendet werden **(Abb. 3)**.

Abb. 1

Abb. 2

Abb. 3

Der Körner

Der Körner wird auch Reitnagel (Reitstock) oder Pinnagel (Pinole) genannt. Dieser ist gleichbedeutendend dem Mitnehmer. Er sitzt ebenso wie der Zwirl in einem Konus in der Pinole des Reitstockes **(Abb. 4)**. Der Winkel der Körnerspitze beträgt meistens 60 Grad. Wir unterscheiden zwischen fixem **(Abb. 5)** und mitlaufendem Körner **(Abb. 6)**.

Stehende oder fixe Pinnagel werden meist zur Bearbeitung der Hirnholzfläche verwendet, da dies schneidenschonender ist. Der Nachteil dieser Reitnägel besteht darin, dass die Spitze von der Reibung heiß wird und daher regelmäßig geölt werden muss. Der Mitlaufkörner ist kugelgelagert, wartungsfrei und geräuscharm in seiner Anwendung. Gleich wie bei einer Ständerbohrmaschine wird mit Hilfe eines Eisenkeils und der Nut in der Pinole der Pinnagel abmontiert.

Abb. 4

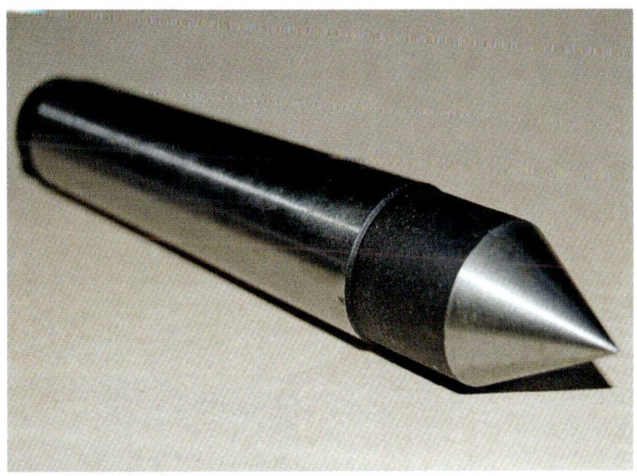

Abb. 5

Abb. 6

Das Backenfutter

Backenfutter, wie wir sie von der Ständerbohrmaschine kennen, werden ebenfalls in der Drechslerei benötigt. Diese können gleich dem Körner in der Pinole gespannt montiert werden. Nun kann ein Bohrer eingespannt und mittels Handrad Richtung Spindel bewegt werden **(Abb. 7)**. Dies ermöglicht eine Hirnholzbohrung in ein „fliegend aufgespanntes" Längsholzwerkstück **(Abb. 8)**. Wichtig ist dabei, die Drehzahl der Spindel zu verringern. Weiters kann das Bohrfutter in der Spindel montiert als Einspannvorrichtung für kleine Stäbe dienen **(Abb. 9)**.

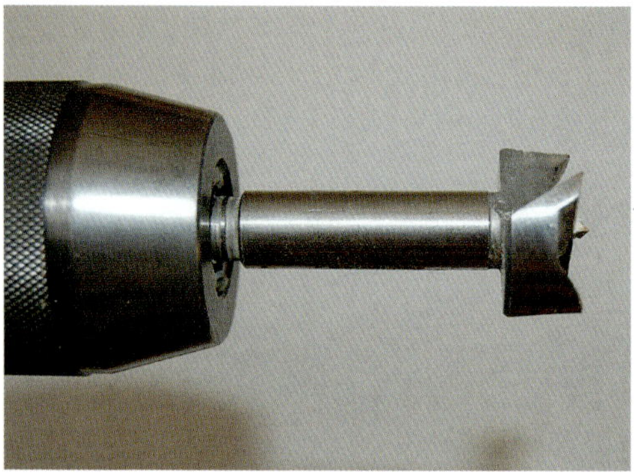

Abb. 7

Abb. 8

Abb. 9

Das Einschlagfutter

Das Einschlagfutter, auch Spundfutter genannt, wird vorwiegend zum Spannen von Längsholz verwendet. Der wesentliche Vorteil dieses Futters ist, dass es ohne Reitstock verwendet werden kann. Das Arbeiten mit dieser Spannmethode nennt man

„fliegend Drechseln". Bei langen Werkstücken (z. B. Lampensäulen) durch den Reitstock unterstützt, hat das Spundfutter den Vorteil eines besseren Sitzes gegenüber dem Mitnehmer und somit treten weniger Schwingungen und Vibrationen auf, was ein professionelles Drechseln ermöglicht. Das Einschlagfutter ist aus Eisen gefertigt, wird auf das Spindelgewinde aufgeschraubt und ist in verschiedenen Größen erhältlich **(Abb. 10)**. Man braucht natürlich verschiedene Größen, um die verschiedenen Durchmesser spannen zu können. Es genügen 2 bis 3 Stück davon, in den Größen 40, 60 und 80 mm Innendurchmesser. Als Aufnahme dient ein leichter Konus, in den das Werkstück, an welchem ein Spund angedreht wurde, eingeschlagen wird **(Abb. 11)**. Spundfutter ermöglichen ein sauberes Drechseln und Bohren an der Stirnfläche. Möbelknöpfe, Dosen u. v. m. können mit dieser Aufspannmethode professionell hergestellt werden. Das Gewindemitnehmerfutter ähnelt dem Spundfutter, hat jedoch anstelle des Konus ein grobes Gewinde, welches dem Werkstück Halt bietet **(Abb. 12)** Diese Spannvorrichtung ist ausschließlich für den Längsholzbereich zu verwenden.

Abb. 10

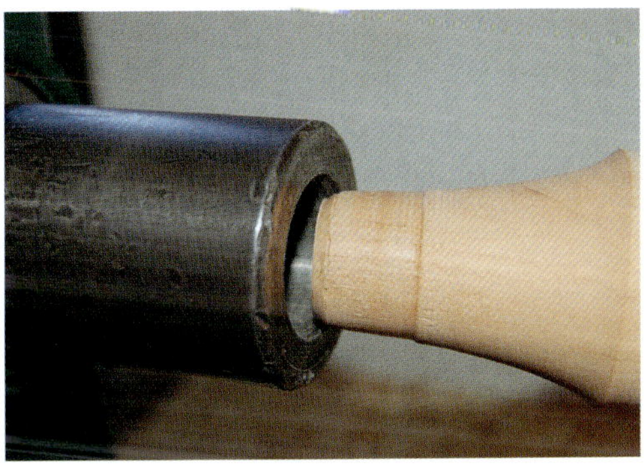

Abb. 11

Abb. 12

Das Anschlagfutter

Es wird auch Ringfutter genannt und wird für Weichholz verwendet. Das Anschlagfutter besteht aus zwei bis drei scharfen, konisch zugespitzten, stählernen Ringen, die entweder in einem Holz oder Eisenfutter sitzen. Die Ringe schließen sich nicht völlig, um einen Hebel einführen zu können, mit dem man das eingeschlagene Holz wieder herausdrücken kann. Diese Vorrichtung ist sehr arbeitssparend, da das Spundandrehen am Werkstück wegfällt.

Das Schraubenfutter

Das Schraubenfutter wird ebenfalls auf der Spindel aufgeschraubt und besteht aus einer einzigen Zentrierschraube mit Holzgewinde, welche optional in der Länge für verschiedene Holzstärken verstellbar ist **(Abb. 13)**. Ist die Schraube nicht verstellbar, hilft sich der Drechsler mit Hinterlegescheiben **(Abb. 14)**. Dieses Futter ist eine der wichtigsten Vorrichtungen für Arbeiten mit Querholz, wobei der maximale Durchmesser, je nach Holzart des Werkstücks, 250 mm nicht überschreiten soll. Im Zentrum des kreisrund ausgeschnittenen Holzes wird ein Loch mit dem jeweiligem Durchmesser gebohrt **(Abb. 15)**. Die Bohrung ist kleiner als der Schraubendurchmesser, wobei die Differenz bei Weichholz größer als bei Hartholz ist. Dreht sich das Werkstück dennoch beim Drechseln durch, so ist diese Aufspannmöglichkeit ungeeignet und man muss sich einer anderen Vorrichtung bedienen.

Abb. 13

Abb. 14

Abb. 15

Die Planscheibe

Sie wird ebenso auf die Spindel geschraubt, wird für die Bearbeitung von großen Durchmessern in Querholz verwendet und ist aus Eisen gefertigt. In der Planscheibe befinden sich symmetrisch angeordnete Bohrungen, wodurch ein Festschrauben des Werkstücks ermöglicht wird. Dabei ist auf den Schraubendurchmesser sowie auf die Schraubenlänge zu achten. Aus sicherheitstechnischen Gründen soll immer das größtmögliche Maß verwendet werden. Wichtig ist dabei, dass stets die abgerichtete oder plane Fläche des Werkstücks aufliegt. Bei Werkstücken, z. B. Ringe, die wesentlich größer sind als die Planscheibe, bedient sich der Drechsler einer weiteren planen Scheibe, wahlweise aus Sperrholz, welche erst auf die Planscheibe und von der aus auf das Werkstück geschraubt wird. Da in Verbindung mit Planscheiben oft eine große Masse in Bewegung ist, sollte die Drechselbank bei ihrer Verwendung nicht abgebremst werden, da sonst die Gefahr besteht, dass das Material von der Spindel abläuft. Daher sind Planscheiben mit einer mechanischen Ablaufsicherung **(Abb. 16)** sehr zu empfehlen.

Abb. 16

Die Stiftenscheibe

Der Drechsler stellt sich die Stiftenscheibe, welche aus einer planen Hartholzscheibe und vier Stiften besteht, selbst her. Vorwiegend wird diese Aufspannvorrichtung zum Drechseln von Tellern und Ähnlichem bis 30 mm Holzstärke verwendet. Die Stifte sind aus Holzschrauben hergestellt und sind auf eine Schneide geschliffen **(Abb. 17)**. Sie werden in die Holzscheibe symmetrisch eingeschraubt, wobei die Stifte nach einer Richtung ausgerichtet sind **(Abb. 18)**. Der große Vorteil liegt in der raschen Spannmöglichkeit. Müssen bei der Planscheibe 3–4 Schrauben eingedreht werden, so genügt bei der Stiftenscheibe ein Schlag und der Teller sitzt fest. Damit man einen sicheren Halt erreicht, müssen Stifte und Holzrichtung übereinstimmen. Aufgeschlagen wird mit der Faust oder mit einem Hartgummihammer.

Abb. 17 (oben)
Abb. 18 (unten)

Das Zangenspannfutter

Zangenspannfutter sind in der Anschaffung relativ teuer, ähnlich einem Vierbackenfutter, wie wir es aus dem Metallbereich kennen **(Abb. 19)**.

> **ACHTUNG**
>
> Diese Futter aus dem Metallbereich haben auf Grund des hohen Unfallrisikos auf einer Drechselbank keine Berechtigung. Vierbackenfutter sind nur für mechanischen Vorschub geeignet.

Zangenspannfutter für die Drechslerei bestehen aus einem Spannfutterkörper und den Spannzangen, welche mit einem Schlüssel geschlossen oder geöffnet werden **(Abb. 20)**. Die weitgehend geschlossene und kreisrunde Form ermöglicht ein sicheres und gefahrloses Arbeiten. Diese Futter können zum Klemmen als auch zum Spreizen verwendet werden. Durch die schwalbenschwanzförmig ausgebildeten Zangen ist ein sicherer Halt gewährleistet **(Abb. 21)**.

Der Vorteil dieser Aufspannvorrichtung ist sicherlich der große Spannweg sowie die leichte Handhabung. Beim Nassholzdrechseln wird ein solches Futter zum unbedingten Muss für jeden Drechsler. Zangenspannfutter sind eine Erleichterung für den Drechsler, jedoch von der Größe her begrenzt einsetzbar. Der konservative Drechsler verzichtet auf diesen technologischen Fortschritt und weiß all seine Werkstücke zu spannen.

Abb. 19 (oben links), **Abb. 20** (unten links), **Abb. 21** (unten rechts)

Reiß- und Messwerkzeuge

Der Drechsler muss über ein enormes Augenmaß verfügen, doch nicht jedes Maß kann er mit dem Auge messen. Daher bedient sich der Handwerker einiger Reiß- und Messwerkzeuge. Einige davon sind leicht selbst von Hand anzufertigen. Messwerkzeuge sind Präzisionsgeräte, daher ist es wichtig, dass mit diesen Werkzeugen sehr sorgfältig umgegangen wird, da sonst kein maßhaltiges Messen möglich ist. Fällt ein Messwerkzeug während der Arbeit einmal zu Boden, ist unbedingt sicherzustellen, dass das vorher eingestellte Maß noch stimmt. Wie jedes Werkzeug brauchen auch Reiß- und Messwerkzeuge Pflege und Wartung. Die Werkzeuge von Zeit zu Zeit zu reinigen und zu ölen, ist Grundvoraussetzung für eine gute Arbeit. Das Arbeiten mit einem guten Werkzeug bereitet doppelte Freude.

Spitzzirkel

Er dient zum Auftragen von Maßen im Längs- und Querholzbereich. Er ist aus Eisen gefertigt und ist wahlweise mit einem Bügel zum Feststellen ausgeführt, die Spitzen können mit einer Feile oder am Schleifbock nachgeschärft werden.

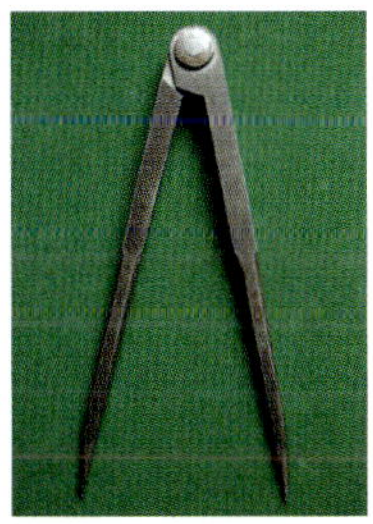

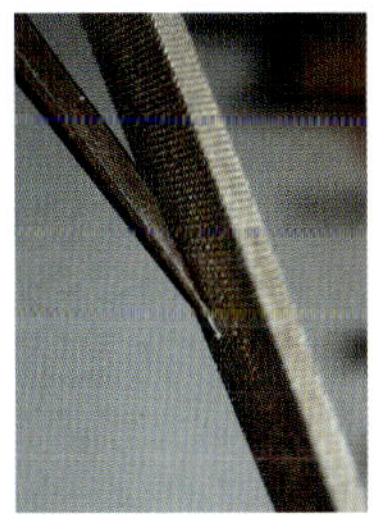

Bleistiftzirkel

Dieser besteht im Gegensatz zum Spitzzirkel aus nur einer Spitze. Anstelle der zweiten Spitze findet sich eine Hülse mit einer Fixierschraube, in welcher ein Bleistift eingespannt wird. Dieser Zirkel dient zum Anreißen von Werkstücken, die später auf der Bandsäge ausgeschnitten werden.

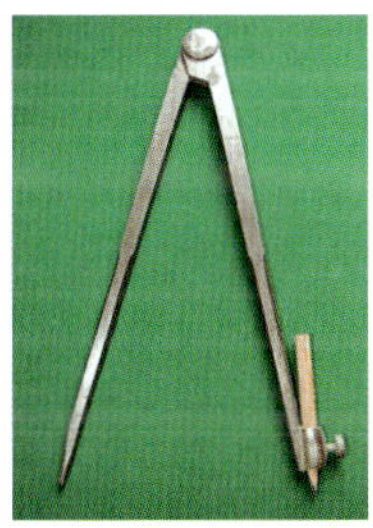

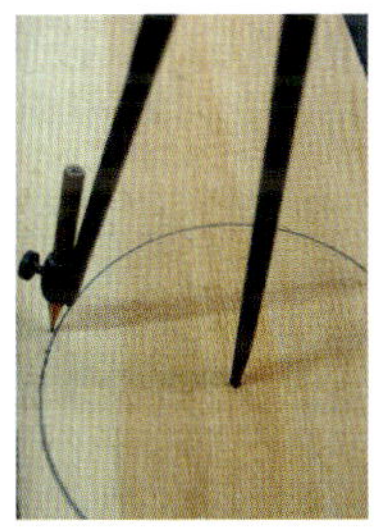

Maßleiste

Maßleisten stellt sich der Drechsler selbst her. Meist werden sie bei einer Vielzahl von Maßen mit großen Distanzen verwendet. Die Maßleiste besteht aus einer Hartholzleiste, auf welcher die wichtigsten Maße aufgerissen sind. Zusätzlich können Stifte eingeschlagen werden, mit welchen die Maße auf das Werkstück übertragen werden. Die gedrechselte Form wird auf der Leiste skizziert.

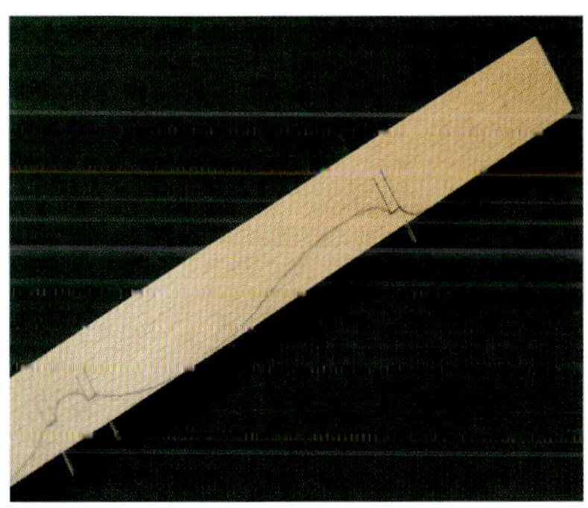

Greif- oder Rundzirkel

Der Greif- oder Rundzirkel, welcher auch „Taster“ genannt wird, dient zum Messen von Stärken und großen Durchmessern. Wandstärken bei Schalen oder Dosen können mit dem Greifzirkel mühelos gemessen werden. Wie der Spitzzirkel, ist der Rundzirkel ebenfalls mit einem Feststellbügel erhältlich.

Hohlzirkel

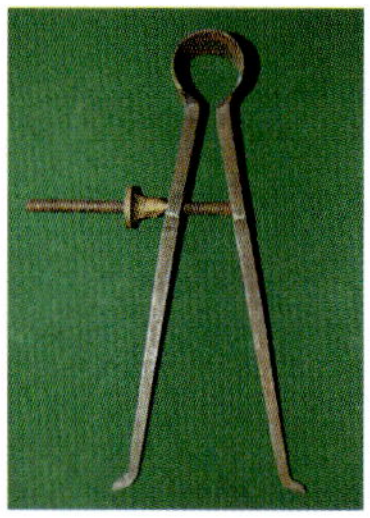

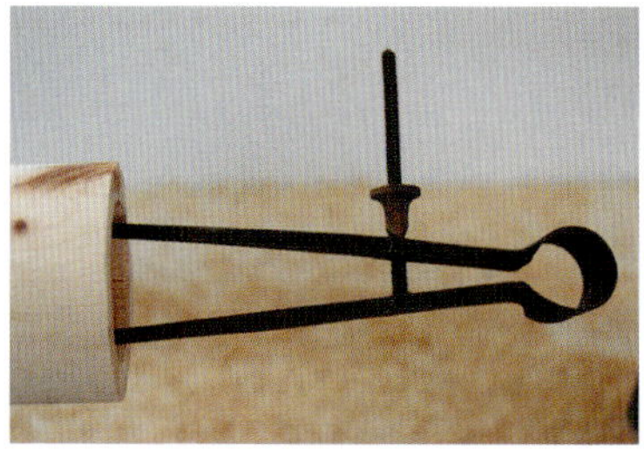

Mit dem Hohlzirkel, auch Lochtaster genannt, werden innere Höhlungen bzw. Öffnungen gemessen.

Tanzmeister

Der Tanzmeister ist eine Kombination zwischen Greifzirkel und Lochtaster. Die Besonderheit liegt darin, dass das Innenmaß des Zirkels mit dem Außenmaß identisch ist. So können übereinstimmende Größen wie Zapfen und Zapfenlöcher geprüft werden. Ein nach Innen größer werdender Konus kann abgetastet und das Maß am Greifzirkel gemessen werden.

Lehrmaß

Das Lehrmaß stellt sich der Drechsler aus verzugsarmen Materialien wie Sperrholz oder Hartfaserplatte her. Ausschnitte verschiedener Breiten dienen zum Messen von mehreren Durchmessern. Zum Messen genauester Maße bedarf es jedoch eines anderen Messwerkzeuges.

Schiebelehre

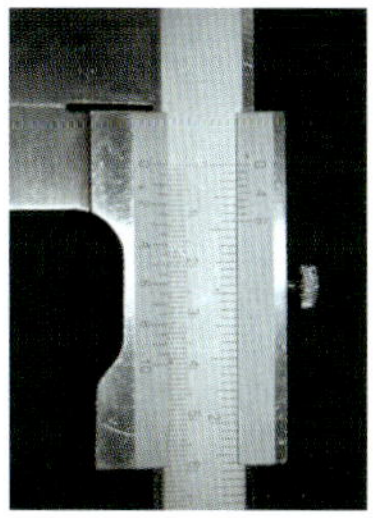

Die Schiebelehre auch Messschieber genannt, dient zum Messen genauester Maße. Sie wird hauptsächlich zum Messen von Dicken verwendet. Mit der Schiebelehre können jedoch auch Innen-, Längen - sowie Tiefenmessungen durchgeführt werden. Sie ist das wichtigste Messwerkzeug des Drechslers. Im Gegensatz zum Tischler bedient sich der Drechsler einer besonderen Schiebelehre, welche ein Messen am rotierenden Werkstück erlaubt. Der Messschieber des Drechslers ist massiv ausgeführt, hat eine Feststellschraube und eine Länge von ca. 250 mm. Die beweglichen Messschenkel sind ca. 90 mm lang und sind an der Kante abgefast, um das Messen bei laufender Spindel zu ermöglichen. Meist sind diese Schiebelehren mit einem **Nonius** versehen, welcher das Messen von 0,1 mm möglich macht. Die Schiebelehre ist ein Präzisionswerkzeug, unsachgemäße Handhabung führt zu Ungenauigkeit und zum Verlust der Maßhaltigkeit.

Grundausstattung: Schlichtstahl, kleiner und großer Meißl, kleine, mittlere und große Röhre (v.l.n.r.)

Drechseleisen

Das Werkzeug ist für den Drechsler etwas Persönliches, man kann es mit der Handtasche einer Frau vergleichen. Deshalb orientiert sich der vernünftige Handwerker beim Kauf seines Werkzeuges nicht nach dem Preis. Die Qualität der Eisen ist maßgeblich für den Erfolg. Dem Handwerker muss es Freude bereiten, wenn er seine Schneiden in die Hand nimmt, um damit ein Stück Holz in Form zu bringen.

Die Länge der Werkzeuge variiert je nach Belieben des Drechslers. Häufig stellt er sich die Werkzeughefte selber her. Eine Grundausstattung ist oftmals als Set im Handel erhältlich.

Sorgsamer Umgang, Wartung und Pflege der Eisen sind für den guten Drechsler selbstverständlich.

Selbst hergestelltes Werkzeugheft

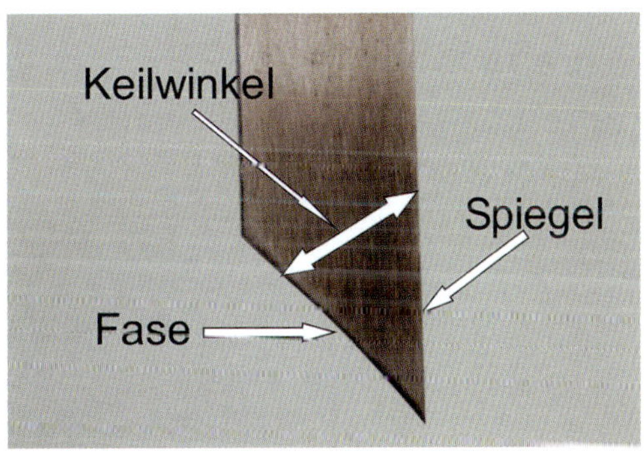

Schneidengeometrie

Grundausstattung des Drechslers

Die Schrupppröhre

Die Schrupppröhre (große Röhre) ist zwischen 28 und 32 mm breit und der Keilwinkel beträgt ca. 45 Grad **(Abb. 1)**. Sie wird hauptsächlich im Längsholzbereich zum Vorschruppen der Kantel verwendet **(Abb. 2)**. Mit diesem Werkzeug kann ein großer Span abgehoben werden und somit wird rasch Material abgebaut. Bei großen Durchmessern wird die große Röhre fallweise zum Formen verwendet. Im Querholzbereich wird diese Röhre hauptsächlich zum Plandrehen eingesetzt **(Abb. 3)**. Der Schliff oder die Form der Schrupppröhre unterscheidet sich je nach Anwendung.

Abb. 1

Abb. 2

Abb. 3

Die Formröhre

Die Formröhre (mittlere Röhre) wird, wie der Name schon sagt, hautsächlich zum Formen verwendet **(Abb. 4)**. Sie wird im Längs- und Querholzbereich verwendet. Ihre Breite beträgt zwischen 20 und 26 mm. Beim Ausdrehen von Schalen wird dieses Werkzeug bevorzugt verwendet **(Abb. 5)**.

Abb. 4

Abb. 5

Die kleine Röhre

Die kleine Röhre ist ebenso eine Formröhre mit einer Breite von 8 bis 15 mm, welche hauptsächlich bei kleineren Werkstücken benützt wird **(Abb. 6)**. Feine Hohlkehlen bei Möbelknöpfen oder genaue Falzausbildungen werden mit diesem Werkzeug ohne Mühe gedrechselt **(Abb. 7)**. Um mehr Formfreiheit zu erlangen, wird dieses Eisen eher spitz angeschliffen.

Abb. 6

Abb. 7

Der Schlichtmeißel

Der Schlichtmeißel (großer Meißel) wird meist im Längsholzbereich zum Schlichten der Werkstücke verwendet und ist zwischen 25 und 30 mm breit **(Abb. 8)**. Das Schlichten ist jener Arbeitsschritt, welcher dem Schruppen folgt. Dieses Werkzeug hat zwei Fasen und ist schräg angeschliffen. Der große Meißel ist auch für die Formgebung sehr gut geeignet **(Abb. 9)**. Er wird auch zum Stechen gerader oder schräger Flächen benötigt. Im Querholz kann dieses Eisen hauptsächlich nur schabend eingesetzt werden.

Abb. 8

Abb. 9

Der kleine Meißel

Mit dem kleinen Meißel werden Rundstäbe, Schweifungen, schräge Flächen, Wölbungen und Vieles mehr gedrechselt **(Abb. 10)**. Er ist ca. 15 mm breit und wird auch zum Stechen diverser Flächen benutzt **(Abb. 11)**. Dieses Eisen ist sehr individuell

Abb. 10

Abb. 11

einsetzbar. Beim Schalendrechseln verwendet ihn der Drechsler meist, um Passungen zu fertigen, wobei der Meißel mit der langen Spitze seitlich schabend eingesetzt wird **(Abb. 12)**.

Abb. 12

Der Schlicht- oder Abstechstahl

Der Schlicht- oder Abstechstahl gehört nicht zu den schneidenden Werkzeugen, sondern zählt auf Grund seiner Schneidengeometrie zu den schabenden Werkzeugen **(Abb. 13)**. Durch den geringen Schnittwinkel entsteht diese schabende Spanabnahme. Das heißt jedoch nicht, dass dieses Eisen keine gute Schneide haben muss. Für jeden Zweck und für jedes Einsatzgebiet kann der Schlichtstahl in der richtigen Form selbst angeschliffen werden **(Abb. 14)**. Wahlweise können diese Eisen beidseitig angeschärft sein. Man verwendet sie zum Andrehen von Durchmessern (Zapfen), zum Abstechen von Teilen beim Fliegend-Drechseln (Drechseln ohne Reitstock) und zum Plandrehen bei Querholzflächen **(Abb. 15)**. Schlichtstähle sollen nur sparsam eingesetzt werden, da sie keine schneidende, sondern eben nur eine schabende Wirkung haben, sich sehr leicht im Holz eingraben und zu Ein- bzw. Ausrissen in der Holzstruktur führen. Mit diesen Werkzeugen wird nur nachgearbeitet und nicht Material in größeren Mengen abgebaut.

Abb. 13 (oben), **Abb. 14** (unten)

Diese Grundausstattung ermöglicht einem Drechsler, alle herkömmlichen

Abb. 15

Werkstücke zu fertigen. Natürlich gibt es noch eine Reihe von Sonder- und Spezialwerkzeugen in der Drechslerei, diese jedoch erleichtern lediglich die Arbeit, Technik und Können bleiben trotzdem Voraussetzung.

Werkzeugmetalle

Durch das Erschließen der Metalle für die Herstellung von Werkzeugen zur Holzbearbeitung begann eine eigenständige Technik. Sie entwickelte sich über die Jahrhunderte bis hin zu einer Spezialindustrie unserer Tage. Bereits in vorchristlicher Zeit wurden Bronzewerkzeuge hergestellt und eingesetzt.

Abb. 1

Die Güte der Werkzeuge wird entscheidend mitbestimmt von der Qualität und dem Zustand der Schneiden. Ein noch so schönes Werkzeug ist ein Ärgernis und völlig nutzlos, wenn es stumpf oder schartig ist **(Abb. 1)**. Der Drechsler muss also sein Werkzeug schärfen können, dabei darf er aber das Eisen nicht schädigen. Die Schneiden bestehen aus Stahl. Stahl ist ein sehr vielseitiger, leistungsfähiger, aber oft auch empfindlicher Werkstoff. Darum sind neben der Beherrschung des Schärfverfahrens einige Grundkenntnisse über diesen Werkstoff nützlich.

Grundbestandteil des Stahls ist das Element Eisen. Dieses hat die bemerkenswerte Fähigkeit, das Element Kohlenstoff (C) in erheblichen Mengen zu lösen und in sein Kristallgitter einzubauen. Je nach Höhe des Kohlenstoffgehalts hat das Eisen ganz unterschiedliche Eigenschaften. Eisen lässt sich außerdem mit vielen anderen Metallen mischen (legieren), damit sind die Eigenschaften der so entstehenden Legierung gezielt beeinflussbar.

Legierungsbestandteile:

- CHROM verbessert die Härte und Wärmeleitfähigkeit
- NICKEL u. VANADIUM erhöhen die Zähigkeit
- MOLYBDÄN erhöht die Wärmeleitfähigkeit
- WOLFRAM erhöht die Härte

Grundsätzlich unterscheiden wir zwischen unlegiertem Kohlenstoffstahl (WS) und legiertem Werkzeugstahl (SP). Unlegierte Werkzeugstähle finden z. B. für Stemmeisen und Handwerkzeuge ihre Verwendung.

Bei Legierungen unterscheiden wir zwischen:

- hochlegiertem Werkzeugstahl (HLS)
- hochlegiertem Schnellarbeitsstahl (HSS)
- Stellit
- Hartmetall (HM)

Ein **Umformen des Stahls** (Walzen, Ziehen, Schmieden) ermöglicht weitere Verbesserungen. Vor allem aber erbringen gezielte Wärmebehandlungen (Härten/ Vergüten) eine erstaunliche Steigerung der Festigkeit und Harte des Stahls und ermöglichen so eine optimale Anpassung an die jeweils vorliegenden Anforderungen.

Beim Härten von Kohlenstoffstahl wird dieser auf eine Temperatur von fast 1.000 Grad erwärmt und dann schnell abgekühlt (abgeschreckt). Dies kann je nach Legierung mit Wasser, Öl oder Luft erfolgen. Bei voller Härtung ist Stahl sehr spröde, Schneiden würden leicht zerstört werden. Durch Anlassen (= Erwärmen auf ca. 100–400 Grad) wird dem Stahl die glasharte Sprödigkeit genommen und die Elastizität und Festigkeit wieder erhöht. Eine Steuerung ist je nach Temperatur möglich. Das Härten und Anlassen bezeichnet man als „Vergüten".

Der Drechsler benötigt ein Werkzeug, dessen Schneide sehr scharf ist und möglichst lange scharf bleibt. Auch soll sich das Werkzeug unter zumutbarem Zeitaufwand schärfen lassen. Um eine scharfe und sehr feine Schneide zu erhalten, darf der Stahl nicht zu hart sein. Um dieser Anforderung gerecht zu werden, benötigt der Drechsler legierte Werkzeugstähle. Hauptsächlich bestehen diese Werkzeuge aus hochlegiertem Schnellarbeitsstahl (HSS), wobei das Gefüge des Stahls durch das Vergüten bestimmt wird **(Abb. 2)**. Daher kann die Werkzeuggüte je nach Hersteller unterschiedlich sein. Der Stahl braucht eine gewisse Zähigkeit, da spröde Schneiden ausbrechen würden **(Abb. 3)**. Hochleistungs-Schnell-Stahl hat gegenüber herkömmlich gehartetem Werkzeugstahl entscheidende Vorteile: Anlassbeständigkeit: Beim Schleifen ist ein Verbren-

Abb. 2

Abb. 3

nen nahezu unmöglich. Hoher Härtewert: gute Schneidhaltigkeit auch bei harten Hölzern und hoher Drehgeschwindigkeit. Hohe Verschleißfestigkeit: mindestens 6-fache Standzeit der Schneide gegenüber herkömmlichem Werkzeugstahl.

Das perfekte Verhältnis all dieser Komponenten zeichnet einen guten Werkzeugstahl aus.

Schärfen von Drechselwerkzeugen

„Gute Schneide ist die halbe Arbeit“, sagt ein Sprichwort. Jeder handwerklich Tätige weiß ein gut geschärftes Werkzeug zu schätzen. Über eine gute Schneide freut sich der Drechsler bei jedem Arbeitsschritt. Eine schlechte Schneide führt nur zu Ärger und bedeutet einen wesentlich höheren Zeitaufwand bei der Arbeit. Auch die Qualität des Werkstückes leidet eindeutig darunter **(Abb. 1)**. Für den Drechsler ist es ein Genuss, wenn der Span wie Engelshaar vom Material abgezogen wird und die Oberfläche ausrissfrei glänzt **(Abb. 2)**. Dadurch kann der Schleifaufwand auf das Notwendigste gekürzt werden. Staubentwicklung und Materialbedarf werden wesentlich verringert.

Abb. 1

Abb. 2

Die Schärfe hängt von verschiedenen Faktoren ab. Die Kristallstruktur des Materials hat einen großen Einfluss auf die Schärfbarkeit. Je feiner die Kristalle sind, desto höhere Schärfen sind zu erreichen. Außerdem hängt die Schärfe von der Form des

Werkzeuges ab. Je nach Schnittwinkel fällt sie verschieden aus. Stumpfe Winkel erreichen zwar keine höchste Schärfe, halten aber lange beim Gebrauch **(Abb. 3)**. Spitze Winkel werden zwar rasiermesserscharf, brechen aber gerne aus und werden schneller stumpf **(Abb. 4)**. Zu guter letzt hängt die mögliche Schärfe vom Schleifmittel und dem Können des Handwerkers ab.

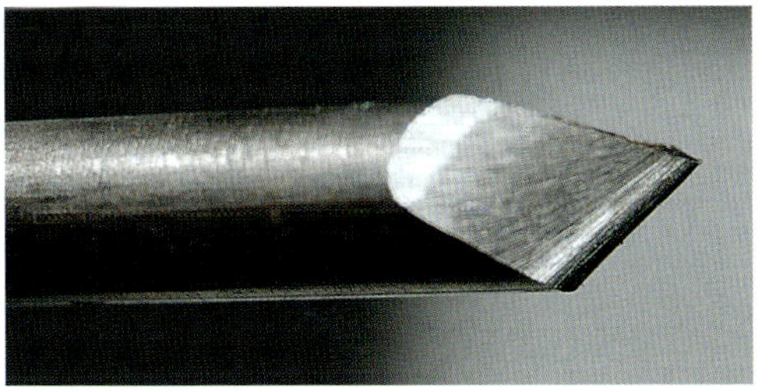

Abb. 3

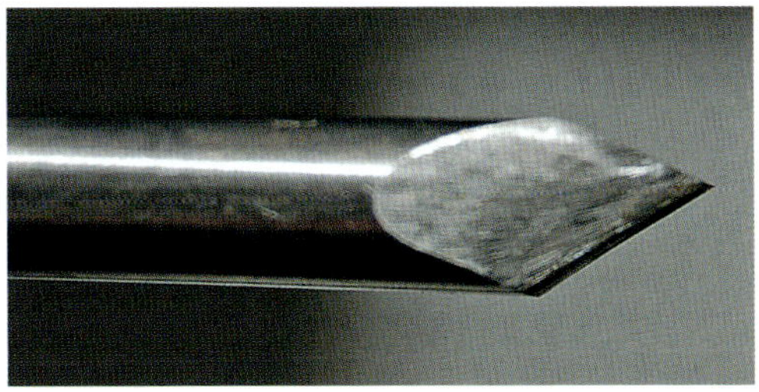

Abb. 4

Die Werkzeuge werden zum Schärfen zuerst an einem Schleifbock grob vorbereitet, um Scharten zu entfernen und Substanz wegzunehmen. Um Unfälle zu vermeiden, ist das Tragen einer Schutzbrille unbedingt notwendig. Beim Schärfen darf die Schneide nicht zu heiß werden. Ein Überhitzen des Stahls kommt einem Anlassen, wie es bei der Stahlerzeugung notwendig ist, gleich. Läuft die Schneide blau an, kommt es zu einer Veränderung der Gefügestruktur, wobei die Kristalle größer werden und nicht mehr so gut zusammenhalten **(Abb. 5)**. Das Werkzeug verliert an Oberflächenhärte. Gehärteter Stahl soll nicht über 670 Grad erhitzt werden. Wenn der Stahl glüht, verbrennen die Legierungselemente teilweise oder zur Gänze, dadurch wird der Stahl in seiner Funktion unbrauchbar. Je härter ein Stahl ist, desto anfälliger ist er gegenüber hohen Temperaturen. Der gute Drechsler schärft sein Werkzeug frei Hand. Dabei hält er das Eisen mit der rechten Hand und die linke Hand stützt sich am Schleifbock ab, wobei er den Daumen auf das Werkzeug legt. Es gibt natürlich auch verschiedene Schleifvorrichtungen für diverse Werkzeuge, um das Schärfen zu erleichtern. Durch die runde Schleifscheibe entsteht der gewünschte Hohlschliff **(Abb. 6)**. Dieser Hohlschliff ist für den Drechsler unbedingt notwendig, da die Fase am Werkstück gleitet und das Werkzeug geführt wird. Es wird auch das Abziehen mit dem Schleifstein erleichtert, da nicht die ganze Fläche poliert werden muss. Durch den Hohlschliff wird beim Abziehen ein Ballig- (rund) werden der Fase verhindert. Beim Schleifen am Schleifbock entsteht ein Grat an der Schneide **(Abb. 7)**. Außerdem ist die Schneide aufgrund der groben Körnung der Schleifscheibe rau. Durch den Abziehstein wird einerseits der Grat entfernt und andererseits die Schneide glatt und dadurch scharf. Es gibt eine Vielzahl von Abziehsteinen (natürliche, oder Kunststeine) die mit Wasser oder Öl verwendet werden. Ein Wasserschliff ist rauer als ein Ölschliff. Je feiner der Schliff wird, desto weniger Substanz wird abgenommen. Ein Ölstein darf nicht mit Wasser benutzt werden und umgekehrt ein Wasserstein, der einmal mit Öl genutzt wurde, ist dann ein Ölstein. Der Drechsler verwendet vorwiegend Ölsteine, welche jedoch den Nachteil schmutziger Finger mit sich bringen.

Drechselwerkzeuge werden vorwiegend trocken geschliffen, da das Werkzeug sehr viel Masse hat und relativ viel Material abgetragen werden muss. Daher werden Edelkorundschleifscheiben (farblich weiß), welche keramisch gebunden sind, mit einer Korngröße zwischen 60 und 100 verwendet **(Abb. 8)**. Als Korngröße versteht man die Anzahl des Schleifkorns auf einem Quadratzoll. Niedrige Korngröße = grob hohe Korngröße = fein. Die Schleifscheibe dreht sich zum Werkzeug, damit die entstehende Wärme zur Masse des Stahls geführt wird. Würde die Wärme zur materialschwachen Schneidenlinie geführt, würde sich diese sofort überhitzen. Empfehlenswert sind Schleifböcke mit zwei Schleifscheiben, wobei eine für die geraden Werkzeuge und eine für die gerundeten verwendet wird. Dadurch wird der Verschleiß verringert. Beim Kauf eines Schleifbockes ist darauf zu achten, dass dieser schwingungsfrei und spindelgenau läuft. Um eine perfekte Laufgenauigkeit zu gewährleisten, müssen die Schleifscheiben genau auf den Aufnahmedorn passen. Passlager gibt es in verschiedenen Größen. Schleifscheiben dürfen keine Risse aufweisen (Klangprobe), müssen laufrund, sauber und stets griffig sein. Mit der Zeit verkleben die Schleifscheiben durch das Schärfen, oder sie werden uneben und sind nicht mehr plan. Um Abhilfe zu schaffen, müssen die Scheiben abgerichtet werden, um einerseits plan zu werden und andererseits das verklebte Schleifkorn herauszubrechen und neues, scharfes Korn freizulegen. Dazu verwendet man für keramisch- oder kunstharzgebundene Edelkorundscheiben Abrichtsteine aus Siliziumkarbid **(Abb. 9)**. Schleifrollen aus Spezialschleifscheiben **(Abb. 10)** können ebenso verwendet werden.

Abb. 5

Abb. 6

Abb. 7

Abb. 8

Abb. 9

Abb. 10

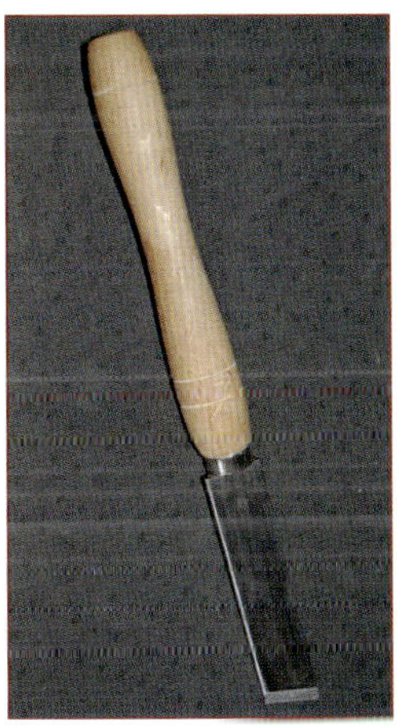

Schärfen von Drechselmeißeln

Drechselmeißel haben einen Keilwinkel von 25–30 Grad und sind schräg geschliffen. Es ist jedoch kein fixes Maß zwingend. Je nach Verwendungsart kann dieser Winkel variieren. Beim Schärfen wird das Eisen mit der Fase auf die Schleifscheibe gelegt, wobei die Schneidenlinie parallel zur Rotationsachse des Schleifbockes steht **(Abb. 1)**. Die Schwierigkeit liegt nun darin, den Stahl auf einer gedachten Linie zu führen. Es ist wichtig, dass die beiden Fasen den gleichen Winkel haben und somit gleich lang sind **(Abb. 2)**. Die Schneidenlinie sollte gerade, höchstens leicht bombiert **(Abb. 3: Richtig)**, jedoch aber keinesfalls hohl sein **(Abb. 4: Falsch)**. Beim Schärfen muss daher abwechselnd ein mäßiger Druck an beiden Enden der Schneidenlinie ausgeübt werden. Der Drechsler bewegt das Werkzeug gleichmäßig, ohne den Winkel zu verändern, parallel zur Drehachse der Scheibe **(Abb. 5)**. Es wird solange geschärft, bis die Schneide schartenfrei ist und sich an der Schneidenlinie ein kleiner Grat bildet. Wie zuvor bereits erwähnt, ist eine zu hohe Wärmeentwicklung unbedingt zu vermeiden. Ein mehrmaliges Abkühlen der Werkzeuge ist oft notwendig. Ein zu rasches Abkühlen ist aber auch zu vermeiden. Keinesfalls darf mit Wasser gekühlt werden.

Abb. 1

Abb. 2

Abb. 3: RICHTIG

Abb. 4: FALSCH

Abb. 5

Schlichtstahl
40–70 Grad

Schärfen von Schlichtstählen

Schlichtstähle werden ähnlich wie Meißel geschärft. Bei den Stählen muss wiederum auf eine gerade Schneidenlinie geachtet werden. Linear wird das Eisen in Richtung der Drehachse hin- und herbewegt. Dabei ist eine korrekt gewartete Schleifscheibe zu verwenden. Schlichtstähle können einseitig oder auch beidseitig gerundet sein. Diese zu schärfen, verlangt viel Übung und Geschick. Das Werkzeug wird vorerst an der Geraden geschliffen und dann übergehend an den Rundungen **(Abb. 1)**. Abwechselnd wird an Rundung und Gerader Material abgebaut. Ein fließender Arbeitstakt sollte erzielt werden.

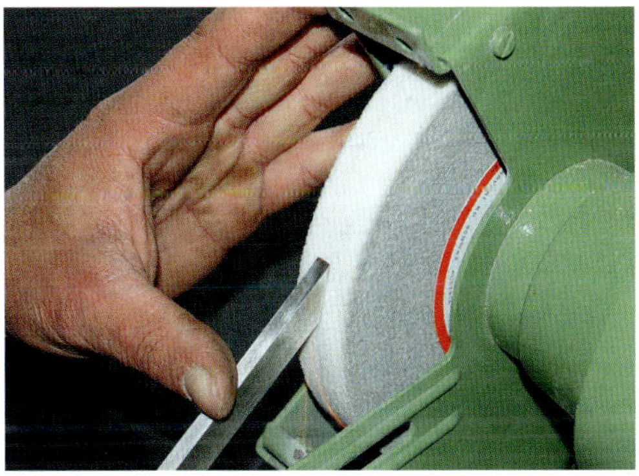

Abb. 1

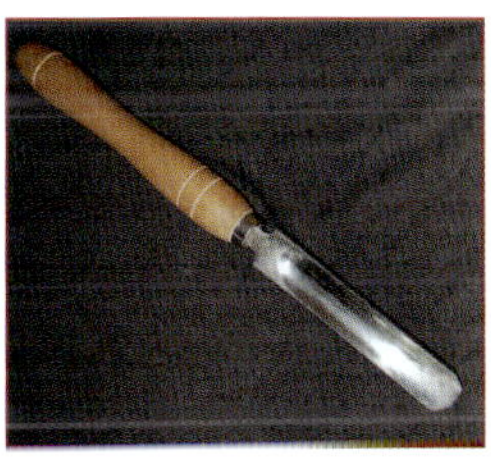

Röhre 25–40 Grad

Schärfen von Drechselröhren

Röhren werden flach, rund oder auch spitz geschliffen. Meist gilt: je größer die Drechselröhre, desto flacher wird diese geschliffen (z. B. Schruppröhren). Die Fähigkeit, diese Werkzeuge perfekt schärfen zu können, zeichnet einen guten Drechsler aus. Die Fase muss eine durchgehende Fläche bilden **(Abb. 1)**. Weist diese Ecken und Kanten auf, so kann der Drechsler damit nicht arbeiten. Als Erstes wird die Röhre mit der Fase im Rechten Winkel zur Drehachse auf die Schleifscheibe gelegt **(Abb. 2)**. Durch das Drehen des Eisens wird die Rundung angeschliffen **(Abb. 3)**. Dies geschieht ohne Abweichung auf derselben Höhe der Schleifscheibe. Um einen spitzeren Schliff zu erreichen, bedarf es noch einer weiteren Technik. Die Drechselröhre wird gedreht, gleichzeitig etwas hochgeschoben und mit gleicher Bewegung auf die gedachte Linie zurückgeführt. Abwechselnd werden beide Seiten der Röhre geschärft **(Abb. 4–8)**. Ein fließender, gleichbleibender und automatisierter Arbeitstakt gewährleistet den gewünschten Erfolg. Das Werkzeug muss stets symmetrisch geschärft werden.

Abb. 1

Abb. 2

Abb. 3

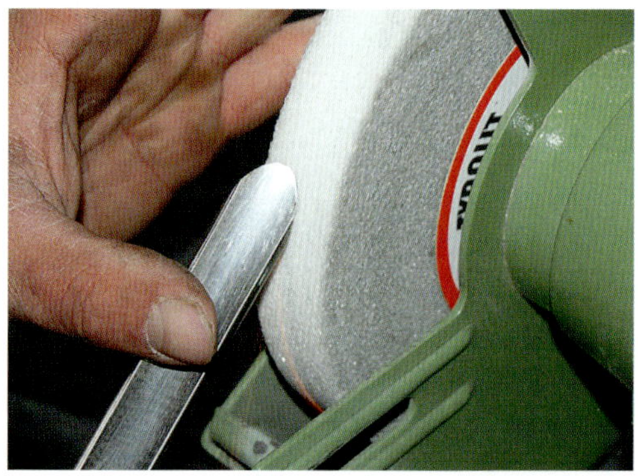

Abb. 4

Abb. 5

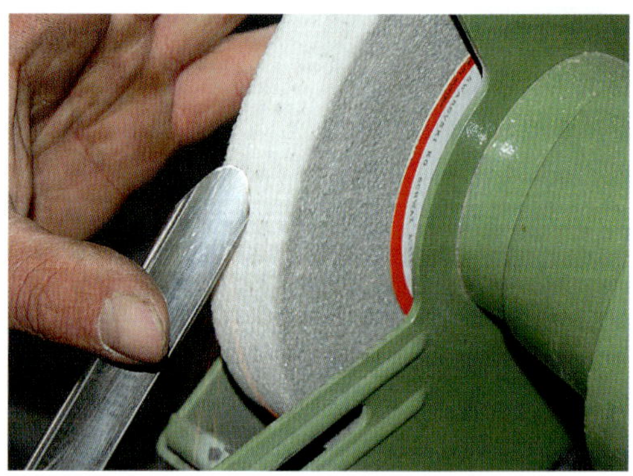

Abb. 6

Abb. 7

Abb. 8

Abziehen der Drechselwerkzeuge

Abgezogen wird traditionell von Hand auf flachen Abziehsteinen unter Zugabe von Wasser oder Öl. Man unterscheidet zwischen Natursteinen, wie Belgischer Brocken, Gosauer Schleifstein oder Arkansasstein, und Kunststeinen, welche keramisch gebunden und aus Korund oder Siliziumcarbid bestehen. Während Kunststeine in den verschiedensten Körnungen erhältlich sind, ist die Körnung bei Natursteinen oft von der Natur vorgegeben.

Der **Belgische Brocken** ist wohl der berühmteste Abziehstein für den Nassschliff **(Abb. 1)**. Er stammt aus den belgischen Ardennen und wird dort mindestens seit 1625 abgebaut. Es handelt sich um ein 480 Millionen Jahre altes, graugelbes Sedimentgestein aus Vulkanasche, Ton und feinsten Granaten. Diese natürliche Mischung und die Härte der Granate sorgen für die guten Schleifeigenschaften. Beim Grauen Brocken handelt es sich um eine mittlere Qualität. 1996 wurde noch eine blaue Abart des Belgischen Brocken entdeckt.

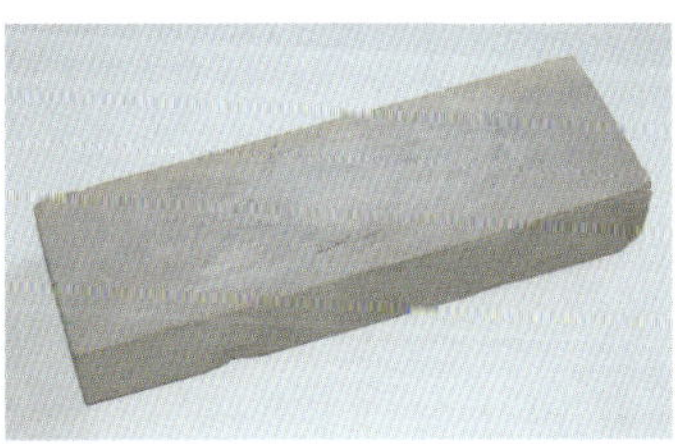

Abb. 1: Belgischer Brocken
Abb. 2: Gosauer Schleifstein

Der **Gosauer Schleifstein** hat seinen Ursprung im Salzkammergut **(Abb. 2)**. Er besteht aus Urgestein, welches mit Kalk und Kreide gebunden ist, und kommt mit einer Körnung von 100 bis 1.500 vor. Dieser Sandstein wird seit dem 13. Jahrhundert ab-

Abb. 3: Arkansasstein

gebaut. Durch sein besonders scharfes Schleifkorn ist dieser Schleifstein zum Abziehen sehr gut geeignet.

Der **Arkansasstein** besteht aus einen weißen (weicher) oder schwarzen (härter) Quarzit und stammt aus Arkansas in den USA **(Abb. 3)**. Er hat eine Körnung von 6.000 bis 8.000 und wird in Öl oder Petroleum verwendet. Aufgrund seiner Härte nutzt er sich weit weniger ab als ein anderer Naturstein.

Wenn Schneide und Stein gut zusammenarbeiten, bleibt der Stein scharf und lange plan, da die stumpf gewordenen Körner ausbrechen und neuen, schärferen Platz machen. Der Materialabtrag geht darum zügig voran. Nach kurzer Zeit kann man eine Schwarzfärbung auf dem Abziehstein bemerken, das ist bereits abgetragenes Material **(Abb. 4)**. Zuerst muss der durch das Schärfen mit der Schleifscheibe entstandene Grat wegbrechen. Dann wird die Schneide aufpoliert, um richtig scharf zu werden. Begonnen wird an der Fase des Werkzeuges, wobei der Drechsler, im Gegensatz zum Tischler, den Stein über das Eisen führt. Er nimmt den Stahl in die linke Hand, wobei das Werkzeugheft am Unterarm abgestützt wird **(Abb. 5)**. Mit dem Abziehstein in der rechten Hand beginnt er seine Schneide herzustellen. Es ist dabei zu achten, dass der Stein immer satt an der Fase anliegt und mit mäßigem Druck gleichmäßig auf und ab bewegt wird **(Abb. 6: Richtig, Abb. 7: Falsch)**. Nun wird abwechselnd an Fase und Spiegel geschliffen, so wird der Grat hin- und hergebogen, außerdem wird er immer dünner, bis er abreißt. Dadurch entstehen Eisenfäden vom Grat, die auf dem Stein liegen bleiben. Wenn man mit dem Werkzeug über diese Stellen schleift, wird die Schneide wieder rau und stumpf. Deshalb müssen die Eisenfäden und Eisensplitter abgewaschen werden. Beim Abziehen entsteht durch den abgeriebenen Schleifstein eine Art Paste, die einen besonders feinen Schliff bzw. eine Politur erzeugt. Der Drechsler beginnt mit einem groben Stein und fährt mit einem feinen fort. Beim Abziehen von Röhren und gerundeten Werkzeugen werden meist Hohlmeißelsteine verwendet **(Abb. 8–10)**. Gerade Abziehsteine und Kombinationsschleifsteine eignen sich perfekt für gerade Werkzeuge wie Meißel und Schlichtstahl. Da die Steine beim Abziehen, (besonders bei Röhren), hohl werden, müssen sie von Zeit zu Zeit mit einem groben, plan aufliegenden Schleifpapier plangeschliffen werden. Dies kann auch auf einer Teller- oder Kantenschleifmaschine durchgeführt werden. Um den Verschleiß zu reduzieren, besitzt der Drechsler mehrere Abziehsteine, wobei eine Garnitur für gerade und die andere Garnitur für gerundete Werkzeuge verwendet wird.

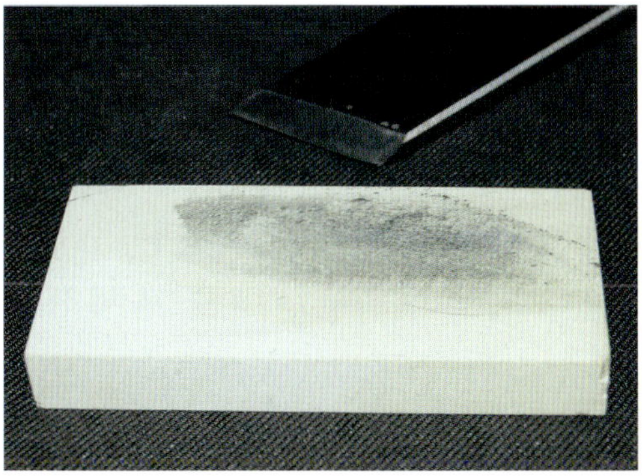

Abb. 4

Abb. 5

Abb. 6: RICHTIG

Abb. 7: FALSCH

Abb. 8

Abb. 9

Abb. 10

Handhabung der Werkzeuge

Der Drechsler nimmt sein Werkzeug in beide Hände, die rechte Hand umfasst das Werkzeugheft, während das Eisen mit der linken gehalten wird **(Abb. 1)**. Wichtig dabei ist, dass die Hände beim Drechseln nicht gewechselt werden. Um die nötige Bewegungsfreiheit beim Formen zu haben, darf die linke Hand das Werkzeug nicht umklammern, das heißt der Daumen umschließt das Eisen nicht, sondern liegt auf jenem auf. Eine umgekehrte Handhabung der Werkzeuge kommt bei Linkshändern vor, wobei diese sehr stark zu einem Handwechsel während des Drechselns neigen.

Spannen von Werkstücken

Im Längsholz spannt der Handwerker zuerst sein Werkstück zwischen Mitnehmer und Körner **(Abb. 2)**. Am Kantel, wie der Drechsler das unzugerichtete Längsholzstück nennt, wird zu Beginn das Zentrum angerissen. **(Abb. 3)** Beim Einspannen dringt die Körnerspitze in das Holz ein und drückt es so gegen den Mitnehmer. Mittels Feststellhebel wird die Pinole fixiert. Da die Spanabnahme im oberen Drittel des Werkstückdurchmessers erfolgt, muss die Handauflage etwas über der Mitte der Drehachse eingestellt werden **(Abb. 4)**. Dies variiert jedoch je nach Durchmesser des Werkstückes. Die Auflage wird so gestellt, dass sie ca. 5 Millimeter von den Werkstückkanten entfernt ist. Mit abnehmendem Durchmesser muss die Handauflage nachgestellt werden. Eine besonders hohe Verletzungsgefahr besteht durch den Spalt zwischen Werkstück und Auflage, insbesondere wenn das Holz noch scharfe Kanten aufweist **(Abb. 5)**. Rissiges Holz darf wegen der großen Unfallgefahr keinesfalls eingespannt werden. Besonders bei großen Durchmessern im Querholzbereich kann dies zu schweren Unfällen führen. Generell ist auf Holzfehler zu achten. Grundsätzlich soll der Drechsler stets dafür Sorge tragen, dass sein Werkstück möglichst ausgewuchtet und ruhig rotiert. Bevor die Drechselbank eingeschaltet wird, ist ein Probelauf von Hand durchzuführen **(Abb. 6)**. Als nächstes muss die richtige Drehzahl, abhängig von Größe und Durchmesser, gewählt und eingestellt werden. (Längsholz ca. 900–3.000 U/min, Querholz ca.180–1.800 U/min.) Ich habe in diesem Buch bewusst auf die Theorie von Schnittgeschwindigkeit und Drehzahl verzichtet, da jeder Einzelne selbst die Fähigkeit erlangen muss, durch sein mit der Zeit geschultes Gefühl darüber zu entscheiden. Aus Sicherheitsgründen gilt jedoch allgemein: je langsamer desto sicherer. Eine Mindestschnittgeschwindigkeit für rationelles und sauberes Arbeiten ist aber notwendig.

Abb. 1

Abb. 2

Abb. 3

Abb. 4

Abb. 5

Abb. 6

Grundübungen im Längsholz

Die gerade Walze

Die Arbeitsschritte dieser Übung bestehen aus Schruppen und Schlichten. Man beginnt mit der großen Röhre und legt diese im rechten Winkel zur Achse auf die Handauflage, wobei die Schneide zuerst stark nach oben zeigt **(Abb. 1)**. Die linke Hand liegt auf dem Werkzeug, der Handballen berührt die Auflage und dient so als Führung **(Abb. 2)**. Nun wird das Werkzeugheft mit der rechten Hand angehoben, bis der Span abgehoben wird **(Abb. 3)**. Die Röhre wird jetzt abwechselnd von rechts nach links geführt. Dabei ist darauf zu achten, dass die Walze von Anfang an möglichst gleichmäßig und plan wird. Ein leichtes Aufdrehen der Röhre verändert den Schnittwinkel und schafft einen leichten Vorschub des Werkzeuges **(Abb. 4–6)**. Ist die Walze rund und frei von Kanten, kann mit dem Schlichten begonnen werden **(Abb. 7)**. Dazu verwendet man den großen Meißel, welcher zuerst schräg, leicht aufgekantet mit der Fase gleitend am Werkstück liegt. Durch das Anheben des Meißels erfolgt die Spanabnahme **(Abb. 8)**. Die Spandicke kann dadurch bestimmt werden. Die Spanabnahme erfolgt im unteren Drittel der Schneidenlinie **(Abb. 9)**. Dabei ist wichtig, dass die Fase am Werkstück gleitet, was die Führung des Werkzeuges darstellt. Geschlichtet wird immer zum Rand hin. Das Einsetzen an der Werkstückkante ist nicht möglich **(Abb. 10: Falsch, Abb. 11–14: Richtig)**. Der Handballen liegt dabei fest auf der Handauflage. Abwechselnd schlichtet der Drechsler in beide Richtungen, wobei das Werkzeug jeweils spiegelverkehrt geführt wird. Wird der Meißel schräger gestellt, erhöht sich zwar die ziehende Schnittwirkung, die führende Eigenschaft der Fase wird jedoch verringert.

Die gerade Walze (Ablauf)

Abb. 1

Abb. 2

Abb. 3

Abb. 4

Abb. 5

Abb. 6

Die gerade Walze (Ablauf)

Abb. 7

Abb. 8

Abb. 9

Abb. 10 FALSCH

Abb. 11

Abb. 12

Fortsetzung auf der nächsten Seite

Die gerade Walze (Ablauf)

Abb. 13

Abb. 14

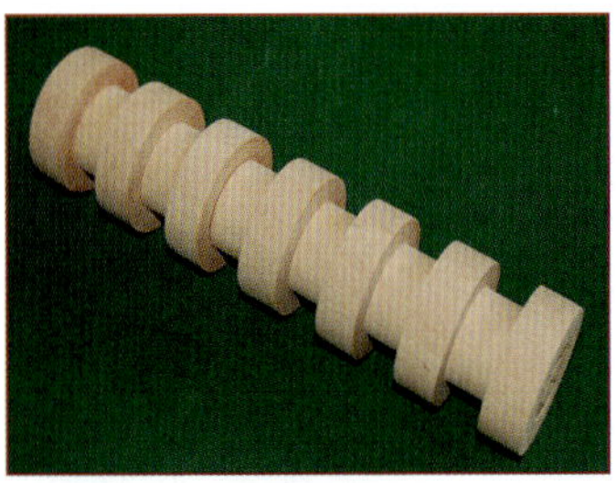

Gerade einstechen

Zu Beginn wird eine gerade Walze gefertigt. Mittels Spitzzirkel wird auf das sich drehende Längsholz eine Teilung von ca. 15 Millimeter aufgetragen **(Abb. 1)**. Um Verletzungen zu vermeiden, müssen die Spitzen des Zirkels nach unten zeigen. Dabei sollen die entstehenden Kerben nur so tief sein, dass sie gut sichtbar sind. Mit dem kleinen Meißel wird zuerst eine Kerbe gestochen **(Abb. 2)**. Dabei wird das Werkzeug mit der Meißelspitze nach unten im rechten Winkel zur Drehachse auf die Auflage gelegt **(Abb. 3)**. Nun wird in kleinen Schritten von der Kerbe aus eingestochen. Die Fase steht dabei parallel zur zu stechenden Fläche. Dazu wird der Meißel schräg gestellt **(Abb. 4)**. Gestochen wird zur Mitte hin, wobei der Bewegungsablauf eine Kombination aus Schieben und Heben ist. Die Meißelspitze beginnt im oberen Drittel der Walze und schneidet zum Zentrum. So werden beide Flächen gestochen, wobei das Werkzeug abwechselnd schräg gestellt wird **(Abb. 5–10)**. Mit dem Schlichtstahl, dessen Schneide leicht nach unten zeigt, wird der Grund dieser Übung geschlichtet **(Abb. 11, 12)**.

Ablaufbilder auf den nächsten Seiten

Gerade einstechen (Ablauf)

Abb. 1

Abb. 2

Abb. 3

Abb. 4

Abb. 5

Abb. 6

Fortsetzung auf der nächsten Seite

Gerade einstechen (Ablauf)

Abb. 7

Abb. 8

Abb. 9

Abb. 10

Abb. 11

Abb. 12

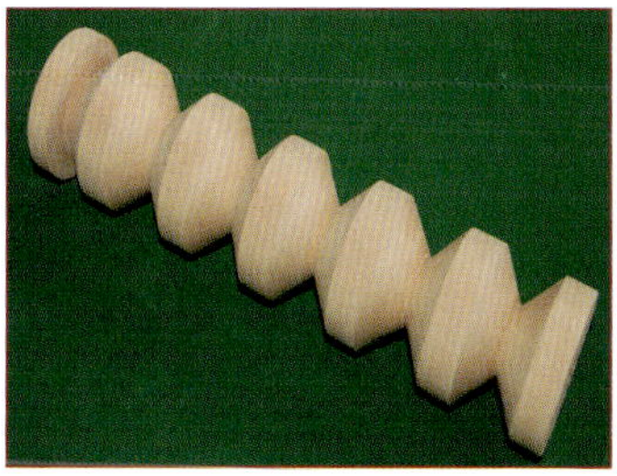

Schräg einstechen

Mittels Spitzzirkel wird zuerst ein Maß von ca. 10 mm aufgetragen. Als Erstes wird mit der Meißelspitze eine kleine Kerbe gestochen **(Abb. 1)**. Danach wird das Werkzeug schräg gestellt und leicht aufgedreht **(Abb. 2, 3)**. Der Meißel schneidet im oberen Drittel des Werkstückes an, wird am Werkzeugheft angehoben und gleichzeitig nach vor geschoben, sodass zur Mitte hin gearbeitet werden kann. Nun wird von beiden Seiten abwechselnd zum Zentrum hin gedrechselt **(Abb. 4, 5)**. Dabei ist darauf zu achten, dass die schrägen Flächen symmetrisch sind **(Abb. 6–8)**.

Abb. 1

Abb. 2

Abb. 3

Abb. 4

Fortsetzung auf der nächsten Seite

Schräg einstechen (Ablauf)

Abb. 5

Abb. 6

Abb. 7

Abb. 8

Der Rundstab

Der Rundstab wird mit der kleinen Röhre oder dem kleinen Meißel geformt. Die Röhre wird mit der Fase in die Mitte des zu formenden Rundstabs gelegt **(Abb. 1)**. Dann wird das Werkzeug von der Fase zur Schneidenlinie angehoben, bis eine Spanabnahme erfolgt **(Abb. 2)**. Zuerst wird an der Kante Material abgebaut, um in weiterer Folge den Rundstab in einem fließenden Arbeitsablauf formen zu können **(Abb. 3, 4)**. Dabei wird die Röhre gedreht gleichzeitig schräggestellt und angehoben. Wichtig ist dabei, dass die Fase am Werkstück gleitet **(Abb. 5–8)**. Gedrechselt wird immer von der Mitte nach Außen, wobei das Werkzeug abwechselnd spiegelverkehrt geführt wird. Wird der Rundstab mit dem Meißel geformt, so liegt dieser vorerst im rechten Winkel zur Drehachse an der Fase auf **(Abb. 9)**. Das Eisen wird aus dem Handgelenk gedreht und nach unten geschoben. Mit dem Meißelbart wird der Span abgenommen **(Abb. 10–16)**.

Abb. 1

Abb. 2

Abb. 3

Abb. 4

Fortsetzung auf der nächsten Seite

Der Rundstab (Ablauf)

Abb. 5

Abb. 6

Abb. 7

Abb. 8

Abb. 9

Abb. 10

Der Rundstab (Ablauf)

Abb. 11

Abb. 12

Abb. 13

Abb. 14

Abb. 15

Abb. 16

Die Hohlkehle

An der vorbereiteten Walze wird ein Maß von ca. 20 mm aufgetragen. Dann wird mit der kleinen Röhre in der Mitte der Kehle eine kleine Kerbe, welche ein Aussplittern verhindert, gefertigt **(Abb. 1)**. Nun wird die Röhre aufgedreht von oben an die Schneide gebracht und durch eine Drehbewegung über die Fase abgerollt **(Abb. 2)**. Dies geschieht taktweise abwechselnd rechts und links **(Abb. 3–9)**. Um tiefe Hohlkehlen fertigen zu können, muss die Röhre beim Einsetzen so weit schräggestellt werden, dass die Fase im rechten Winkel zur Drehachse steht **(Abb. 10)**.

Abb. 1

Abb. 2

Abb. 3

Abb. 4

Die Hohlkehle (Ablauf)

Abb. 5

Abb. 6

Abb. 7

Abb. 8

Abb. 9

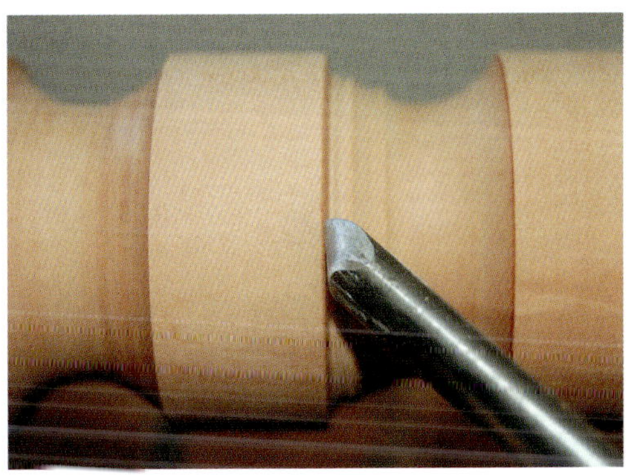

Abb. 10

Das Karnies

Bei dieser Grundübung handelt es sich um eine Kombination zwischen Hohlkehle und Rundstab. Bei einer 10-mm-Teilung wird zuerst gerade eingestochen und der Grund geschlichtet **(Abb. 1)**. Man beginnt mit einer Hohlkehle und wechselt über in den Rundstab, um an der Kante Material abzubauen **(Abb. 2)**. Danach wird das Karnies in einem Zug gedrechselt. **(Abb. 3–9)**. Ein fließender Bewegungsablauf und die gleitende Fase der Röhre am Werkstück sind für den Erfolg dieser Grundübung unbedingt notwendig **(Abb. 10–13)**.

Abb. 1

Abb. 2

Abb. 3

Abb. 4

Das Karnies (Ablauf)

Abb. 5

Abb. 6

Abb. 7

Abb. 8

Abb. 9

Abb. 10

Fortsetzung auf der nächsten Seite

Das Karnies (Ablauf)

Abb. 11

Abb. 12

Abb. 13

Rundstab und Hohlkehle mit Platte

Diese Übung ist ebenfalls eine Kombination von Rundstab und Hohlkehle und ist in der Formgebung sehr häufig zu finden. Zuerst sticht man bis zur Platte gerade ein und schlichtet mit dem Schlichtstahl den Grund **(Abb. 1, 2)**. Danach wird von beiden Seiten der Rundstab geformt **(Abb. 3)**. Mit der kleinen Röhre drechselt man die Hohlkehle, wobei links und rechts eine kleine Platte stehen bleibt **(Abb. 4–6)**. Da der Schlichtstahl zu den schabenden Werkzeugen gehört, entspricht die Platte noch nicht der gewünschten Qualität, da noch deutliche Ausrisse zu sehen sind **(Abb. 7)**. Mit der Röhre wird die Platte nachgeschnitten. Sie wird auf der Handauflage aufgelegt und so weit schräg gestellt, dass die Fase im rechten Winkel zur Drehachse steht **(Abb. 8)**. Mit der Röhrenspitze wird der Span abgenommen. Dazu ist ein leichtes Anheben des Werkzeuges notwendig. **(Abb. 9, 10)**. Durch eine parallel geführte Bewegung erzielt man das gewünschte Ergebnis.

Abb. 1

Abb. 2

Abb. 3

Abb. 4

Fortsetzung auf der nächsten Seite

Der Rundstab und Hohlkehle mit Platte (Ablauf)

Abb. 5

Abb. 6

Abb. 7

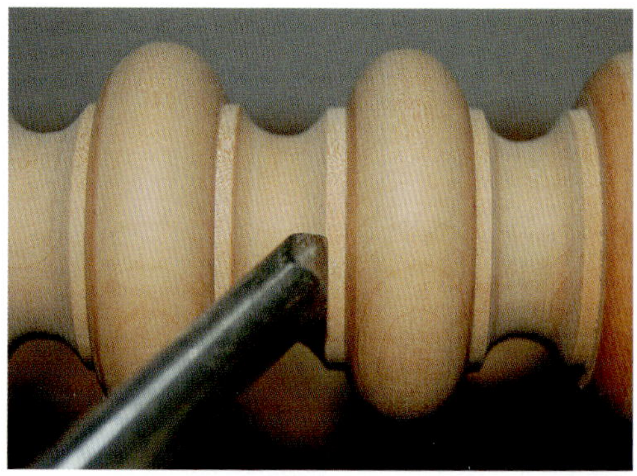

Abb. 8

Abb. 9

Abb. 10

Eierstab mit Spitzstab

Auf einer geraden Walze wird abwechselnd das Maß von 10 mm und von 40 mm mit dem Spitzzirkel aufgetragen **(Abb. 1, 2)**. Nun wird links und rechts vom Spitzstab gerade eingestochen **(Abb. 3)**. Die Mitte des Eierstabs wird mit dem Bleistift markiert **(Abb. 4)**. Der Drechsler legt den kleinen Meißel an diesem Riss auf. Das Eisen ist schräg gestellt und aufgedreht **(Abb. 5)**. Die Spanabnahme erfolgt im unteren Drittel der Schneidenlinie. Der Meißel wird nach vor geschoben und gleichzeitig aus dem Handgelenk nach unten, zum Spitzstab hin, gedreht **(Abb. 6–10)**. Dies geschieht in beide Richtungen. Von der Mitte aus beginnend wird der Spitzstab mit der Meißelspitze abwechselnd beidseitig schräg gestochen **(Abb. 11–13)**.

Abb. 1

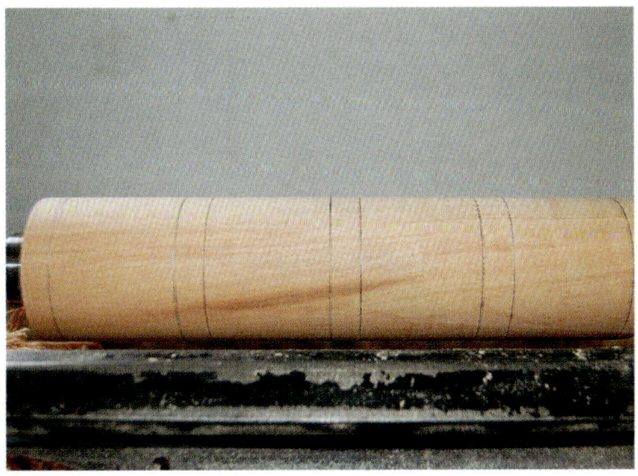

Abb. 2

Abb. 3

Abb. 4

Fortsetzung auf der nächsten Seite

Eierstab mit Spitzstab (Ablauf)

Abb. 5

Abb. 6

Abb. 7

Abb. 8

Abb. 9

Abb. 10

Eierstab mit Spitzstab (Ablauf)

Abb. 11

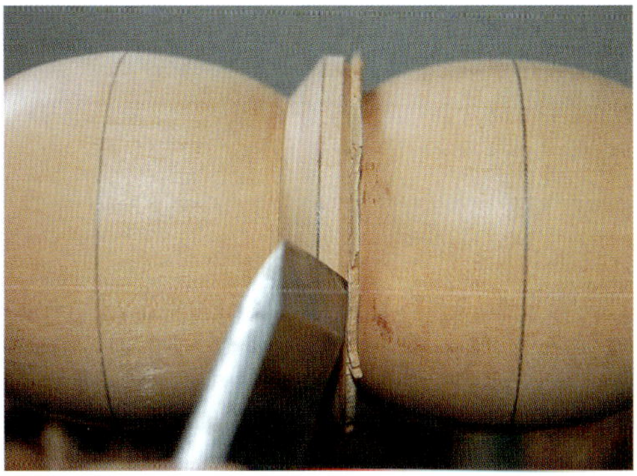

Abb. 12

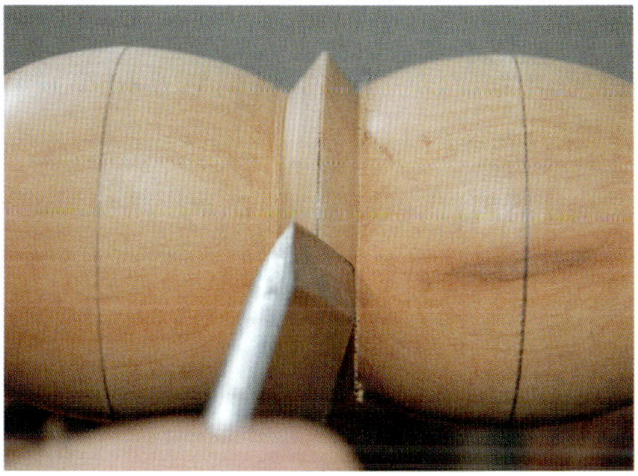

Abb. 13

Schnittlinien beim Kantigdrechseln

Bei Werkstücken, wie z. B. Tisch und Sesselfüßen, bei denen ein kantiger Teil für den Anschluss von Zargen benötigt wird, bedient sich der Drechsler dieser Technik. Der Übergang von kantig auf rund kann verschieden ausgeführt sein. Die Gefahrenzone zwischen den scharfen Kanten und der Handauflage darf auf keinen Fall unterschätzt werden.

Mit dem Winkelhaken wird bei stillstehendem Werkstück die Länge des runden bzw. des kantigen Teils aufgetragen **(Abb. 1)**, um in weiterer Folge mit dem großen Meißel einzustechen **(Abb. 2–5)**. Schrittweise sticht der Drechsler bis zum Riss. Mit der Röhre wird der runde Teil vorgeschruppt. Danach schlichtet der Handwerker mit dem Meißel **(Abb. 6–9)**. Nun wird ein sauberer Übergang, welcher aus Rundung, Hohlkehle oder Karnies bestehen kann, gedrechselt. Je nach Formgebung entstehen am kantigen Teil verschiedene Schnittlinien. Diese Linien nennt der Drechsler in der Fachsprache Anschnittlinien **(Abb. 10–12)**. Mit der mittleren Röhre wird nun an den Kanten des Werkstücks eingesetzt und zum gedrechselten Teil des Werkstückes hin geformt **(Abb. 13–15)**.

Abb. 1

Abb. 2

Abb. 3

Abb. 4

Schnittlinien beim Kantigdrechseln (Ablauf)

Abb. 5

Abb. 6

Abb. 7

Abb. 8

Abb. 9

Abb. 10

Fortsetzung auf der nächsten Seite

Schnittlinien beim Kantigdrechseln (Ablauf)

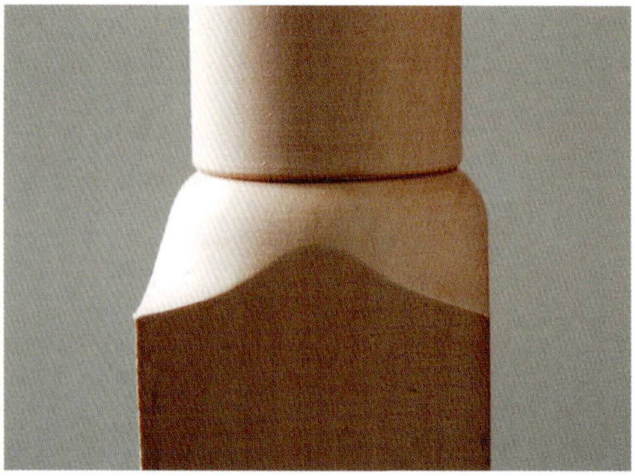

Abb. 11

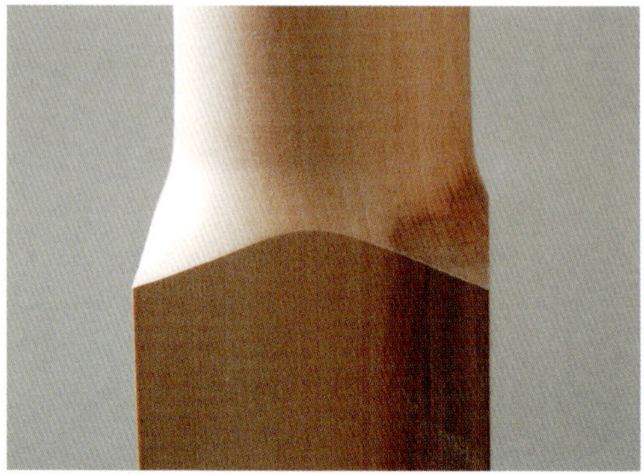

Abb. 12

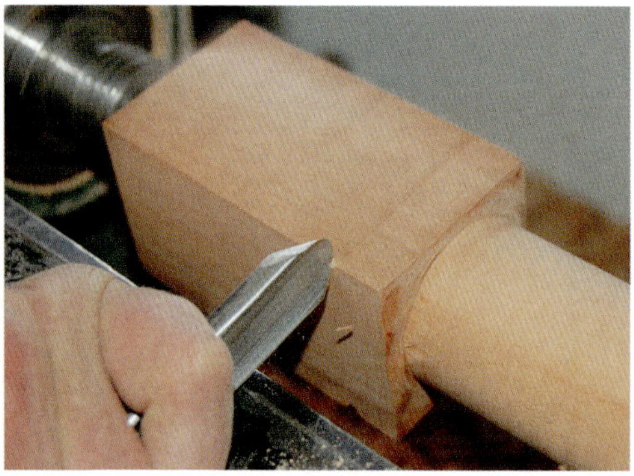

Abb. 13

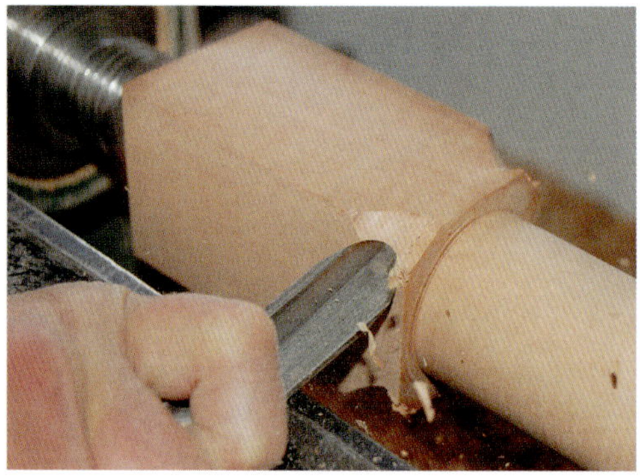

Abb. 14

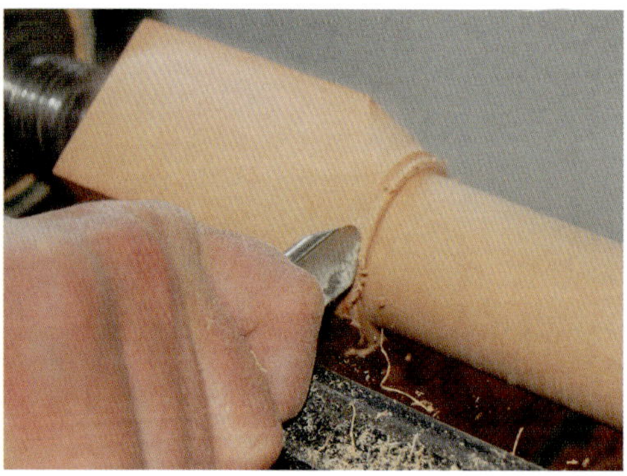

Abb. 15

Das „fliegende Drechseln"

Unter „fliegend Drechseln" versteht man Arbeiten, wie Ladenknöpfe, Stirnholzbohrungen, Eierbecher, Längsholzdosen, etc., bei welchen der **Reitstock nicht verwendet** wird. Das Kantel wird in das Einschlagfutter, welches einen Konus hat, eingeschlagen. Dafür muss am Holz zuerst der Konus gedrechselt werden. Dazu spannt der Drechsler ein Stück Längsholz zwischen Körner und Mitnehmer ein. Mit der Schruppröhre wird das Werkstück rund gedrechselt, um in weiterer Folge den Konus andrehen zu können **(Abb. 1–5)**. Dieser muss jenem des Einschlagfutters gleichen. Ist der Konus zu steil, bekommt das Holz keinen oder nur schlechten Halt. Bei zu langem Konus schlägt das Holz am Futterende an und kann ebenfalls keinen Halt finden. Eine mit dem Meißel angestochene Fase am Konusende erleichtert das Einschlagen und verhindert ein Aussplittern des Holzes **(Abb. 6)**. Der Mitnehmer wird abgenommen und das Einschlagfutter aufgeschraubt, wobei darauf zu achten ist, dass das Futter bis zum Anschlag sitzt. Auch die Handauflage wird entfernt und der Reitstock zurück geschoben. Nun wird das Werkstuck mit einem Hammer mit kräftigen Schlägen möglichst zentrisch eingeschlagen **(Abb. 7)**. Während des Schlagens dreht der Drechsler das Werkstück mittels Handrad, um die Laufgenauigkeit zu überprüfen. Nun wird das fliegend gespannte Stück Holz mit dem großen Meißel geschlichtet **(Abb. 8–10)**. Mit dem kleinen Meißel wird die Stirnfläche gerade gestochen und somit plan und sauber gedrechselt **(Abb. 11)**. Danach kann mit der eigentlichen Drechselarbeit begonnen werden.

Abb. 1

Abb. 2

Fortsetzung auf der nächsten Seite

Das „fliegende Drechseln“ (Ablauf)

Abb. 3

Abb. 4

Abb. 5

Abb. 6

Abb. 7

Abb. 8

Das „fliegende Drechseln“ (Ablauf)

Abb. 9

Abb. 10

Abb. 11

Der Möbelknopf

Ein Möbelknopf sollte stets formschön, zum Möbel passend, jedoch praktisch in seiner Anwendung, sein. Er muss in Größe, Länge und Formgebung auf jeden Fall passen. Die Auswahl des dafür geeigneten Materials ist zwingend. Holzfehler wie Äste oder gar Rissigkeit sind auf keinen Fall zu akzeptieren. Bei Füllungstüren ist unbedingt auf das Verhältnis zum Rahmenfries zu achten. Im Vordergrund steht auf jeden Fall die Bedienerfreundlichkeit.

Zuerst wird der gewünschte Durchmesser gedrechselt **(Abb. 1, 2)**. Mit dem Spitzzirkel werden zuerst die Gesamtlänge und die Zapfenlänge aufgetragen. An beiden Rissen wird gerade eingestochen **(Abb. 3, 4)**. Um möglichst viel Masse zu erhalten und so ein Vibrieren des Werkstückes zu vermeiden, sticht der Drechsler nicht bis zum endgültigen Zapfendurchmesser. An der Stirnseite wird eine Platte, mit Karnies als Abschluss, geformt **(Abb. 5, 6)**. Unter Verwendung der Schiebelehre wird ein Durchmesser gedrechselt **(Abb. 7)**. Nun wird gerade eingestochen, um anschließend einseitig einen Rundstab zu drechseln **(Abb. 8–11)**. Eine Platte und ein halber Rundstab werden geformt. Eine Hohlkehle in Kombination mit einem Karnies vollendet die Formgebung **(Abb. 12, 13)**. Mit dem kleinen Meißel sticht der Drechsler bis zum Zapfendurchmesser leicht schräg ab **(Abb. 14)**. Dies gewährleistet eine dichte Fuge bei der Montage des Knopfes auf der Möbelfront. Nun wird der Zapfen mit dem Schlichtstahl auf das genaue Maß gebracht. Zum Messen verwendet der Handwerker die Schiebelehre, welche etwas größer (ca. 0,3 mm) eingestellt ist **(Abb. 15–17)**. Eine Fase am Zapfen erleichtert die Montage und bewirkt, dass der Leim im Zapfenloch nach hinten steigen kann **(Abb. 18)**. Bevor nun der Möbelknopf vom restlichen Holz abgestochen wird, muss dieser noch geschliffen werden. Das Schleifen der Werkstücke ist ein sehr heikles Thema, welches von den meisten Hobbydrechslern nicht sehr ernst genommen wird. Beim Schleifen darf die Form des gedrechselten Gegenstandes im Wesentlichen nicht verändert werden. Formbetonte Kanten dürfen durch den Schleifvorgang keinesfalls verrundet werden. Ausschließlich Sorgfalt und die richtige Schleiftechnik führen zu einem sauberen Produkt. Zum Schleifen der Oberflächen verwendet der Drechsler ausschließlich Leinenschleifpapier **(Abb. 19)**. Der Unterschied zum herkömmlichen Schleifpapier ist jener, dass das Trägermaterial des Schleifkorns nicht aus Papier, sondern aus einer Art Leinen besteht. Der wesentliche Vorteil liegt in der Geschmeidigkeit des Materials. Anders als beim Schleifpapier **(Abb. 20)** bricht die Körnung an der Kante beim Falten von Schleifleinen **(Abb. 21)** nicht weg. Dies ist ein sehr wichtiger Vorteil, da diese Kante

Fortsetzung auf Seite 88

Der Möbelknopf (Ablauf)

Abb. 1

Abb. 2

Abb. 3

Abb. 4

Abb. 5

Abb. 6

Fortsetzung auf Seite 89

zum Schleifen unbedingt benötigt wird. Der Drechsler faltet das Schleifleinen zu einem kompakten Streifen mit scharfen Kannten **(Abb. 22)**. Die gängigsten Schleifkorngrößen von 80 bis 180 sind im Handel erhältlich. Je nach Art und Größe des Werkstücks wählt der Handwerker das richtige Leinen aus. Der Schliff beginnt meist mit einer Körnung von 120 und endet mit einer Körnung von 180. Der gute Drechsler ist stets bemüht, den Schleifaufwand so gering wie möglich zu halten. Einerseits, um die Form bestmöglich zu wahren, und andererseits, um eine unnötige Staubbelastung zu vermeiden. Besonders bei harzreichen Hölzern benötigt der Drechsler all sein Können, eine sauber gedrechselte Oberfläche zu erreichen, um möglichst wenig schleifen zu müssen. Staubverklebtes Schleifleinen kann an einem Stück Holz abgeklopft werden **(Abb. 23, 24)**. Beim Drechseln von Nassholz wird ein Schleifgitter verwendet, durch welches der Staub austreten kann und ein Verkleben verhindert **(Abb. 25)**. Beim Schleifen bemüht sich der Drechsler immer, mit den Fingern einen Kontakt zur Form zu haben. Nur so kann ein sogenanntes Verschleifen verhindert werden. Das Leinen wird nicht nur auf die Form gedrückt, sondern ist stets in Bewegung, um die fließende Formgebung zu erhalten. Das Schleifmittel wird in Hohlkehlen und Vertiefungen gebogen **(Abb. 26–29)**. Zur Nachpolitur können ein Schleifvlies oder Drechselspäne verwendet werden. Ist der Möbelknopf sauber geschliffen, kann er vom übrigen Holzstück abgetrennt werden. Dabei ist aber darauf zu achten, dass niemals in einer Spur eingestochen wird, sondern immer abwechselnd zwei Stiche nebeneinander gesetzt werden, da sich das Werkzeug sonst verklemmt und nicht mehr fest gehalten werden kann **(Abb. 30, 31)**. Während die rechte Hand den Schlichtstahl führt, hält die linke den Möbelknopf fest. **(Abb. 32, 33)**.

Der Möbelknopf (Ablauf)

Abb. 7

Abb. 8

Abb. 9

Abb. 10

Abb. 11

Abb. 12

Fortsetzung auf der nächsten Seite

Der Möbelknopf (Ablauf)

Abb. 13

Abb. 14

Abb. 15

Abb. 16

Abb. 17

Abb. 18

Der Möbelknopf (Ablauf)

Abb. 19

Abb. 20 NICHT GEEIGNET

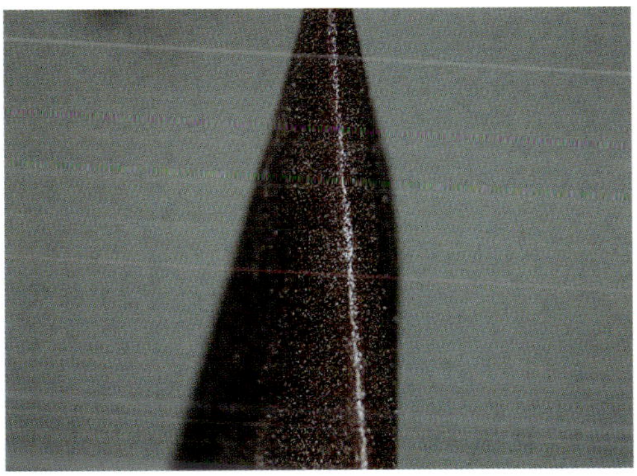

Abb. 21

Abb. 22

Abb. 23

Abb. 24

Fortsetzung auf der nächsten Seite

Der Möbelknopf (Ablauf)

Abb. 25 Schleifgitter

Abb. 26

Abb. 27

Abb. 28

Abb. 29

Abb. 30

Der Möbelknopf (Ablauf)

Abb. 31

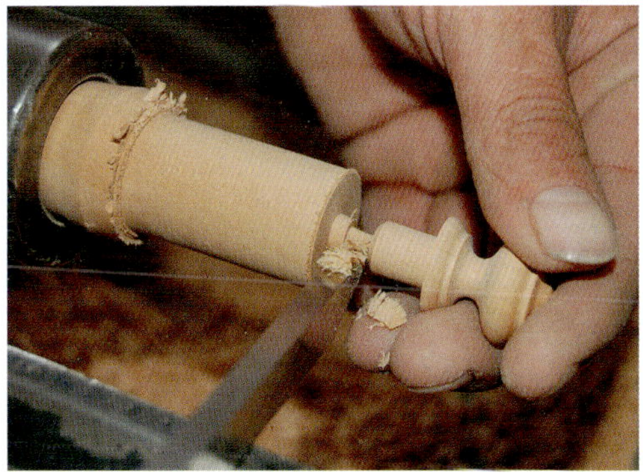

Abb. 32

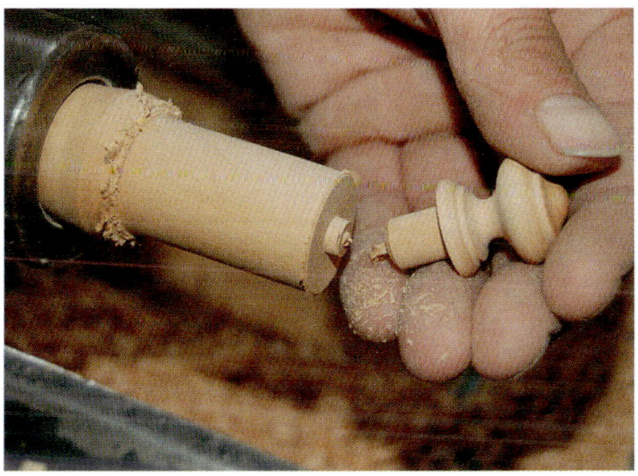

Abb. 33

Überwurfdrechseln

Die Technik des Überwurfdrechselns wird im Hirnholzbereich, bei Pokalen, Eierbechern uvm. angewendet. Erfolgt die Spanabnahme beim Drechseln an der Abwärtsrotation, so geschieht dies beim Überwurfdrechseln am aufsteigenden Material. Diese

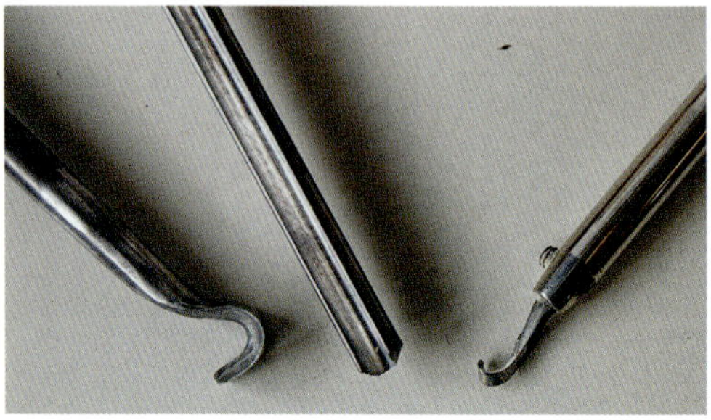

alte Technik kann heutzutage durch moderne Spezialwerkzeuge wie Ringmesser und Drehhaken ersetzt werden. Mit diesen Werkzeugen sind auch sehr tiefe Drechselarbeiten möglich, wobei beim Überwurfdrehen nur begrenzte Tiefen erreicht werden. Für diese Drechseltechnik wird eine kleine oder mittlere Röhre verwendet, wobei der Keilwinkel eher stumpf angeschliffen ist. Das fliegend aufgespannte Kantel wird zuerst rund gedrechselt und die Stirnfläche gerade und plan gestochen **(Abb. 1)**. Nun wird die Handauflage quer zum Holz und etwas unter die Mitte gestellt. Es ist wichtig, dass immer die Innenform vor der äußeren Formgebung gedrechselt wird, da sonst die Schwingungen und Vibrationen zu stark werden und das Hirnholz nicht mehr formbar ist. Mit der etwas schräggestellten Röhre wird im Zentrum eine kleine Vertiefung gedrechselt **(Abb. 2, 3)**. Die Röhre wird aufgedreht und mit der Spitze der Schneidenlinie eingestochen **(Abb. 4)**. Danach wird die Schneide leicht nach vor geschoben und nach außen gedrückt, wobei der Stahl unbedingt an der Fase anliegen muss, um das Werkzeug führen zu können **(Abb. 5, 6)**. Diese Technik wird nun bis zur gewünschten Tiefe wiederholt **(Abb. 7–10)**. Ist die Innenform fertig, wird das Werkstück außen geformt. Mit dem Spitzzirkel werden die einzelnen Längen aufgetragen **(Abb. 11)**. Der Drechsler sticht an den Rissen gerade ein **(Abb. 12, 13)**. Nun werden die verschiedenen Durchmesser gedrechselt **(Abb. 14–16)**. Rundstäbe werden geformt **(Abb. 17–19)**. In der Mitte drechselt der kreative Handwerker eine Hohlkehle mit Spitzstab und sticht am Sockel eine Fase an **(Abb. 20–23)**. Der gedrechselte Gegenstand wird sauber geschliffen und mit dem Abstechstahl vom übrigen Holz abgestochen **(Abb. 24–26)**. Dabei wird das Werkstück mit der linken Hand festgehalten, damit dieses nicht wegfliegen kann **(Abb. 27, 28)**. Unter Verwendung einer Teller- oder Kantenschleifmaschine wird der Sockel plan geschliffen **(Abb. 29, 30)**.

Überwurfdrechseln (Ablauf)

Abb. 1

Abb. 2

Abb. 3

Abb. 4

Abb. 5

Abb. 6

Fortsetzung auf der nächsten Seite

Überwurfdrechseln (Ablauf)

Abb. 7

Abb. 8

Abb. 9

Abb. 10

Abb. 11

Abb. 12

Überwurfdrechseln (Ablauf)

Abb. 13

Abb. 14

Abb. 15

Abb. 16

Abb. 17

Abb. 18

Fortsetzung auf der nächsten Seite

Überwurfdrechseln (Ablauf)

Abb. 19

Abb. 20

Abb. 21

Abb. 22

Abb. 23

Abb. 24

Überwurfdrechseln (Ablauf)

Abb. 25

Abb. 26

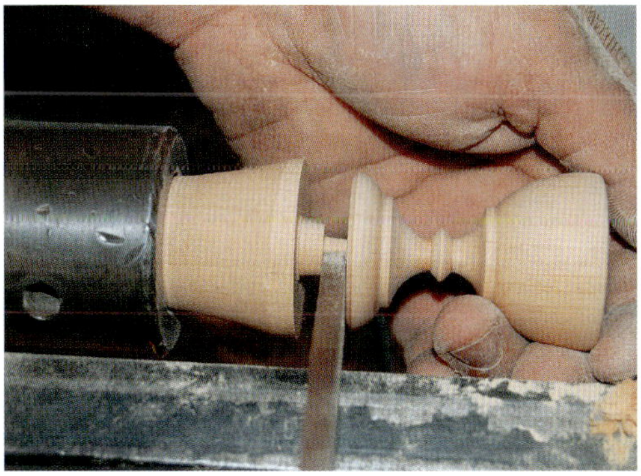

Abb. 27

Abb. 28

Abb. 29

Abb. 30

Grundübungen im Querholz

Im Gegensatz zum Längsholzdrechseln, bei dem die Holzrichtung parallel zur Drehachse verläuft, verläuft der Faserverlauf im Querholzbereich quer zu dieser. Die Technik des Drechselns unterscheidet sich dabei wesentlich. Erfolgt die Spanabnahme im Längsholz fast immer zur Mitte hin, wird im Querholz vom Zentrum nach außen gedrechselt. Da beim Drechseln von Querholz einmal dem Faserverlauf folgend und einmal quer zu diesem gearbeitet wird, ist ein perfektes Beherrschen der richtigen Technik notwendig, um eine saubere Arbeit leisten zu können. Mit der Bandsäge schneidet der Drechsler sein Holz kreisrund aus **(Abb. 1)**. Die an der Aufspannvorrichtung anliegende Seite muss auf der Abrichthobelmaschine, unter Verwendung einer Schiebelade, gehobelt werden, um einen planen Sitz zu erreichen **(Abb. 2, 3)**. Um die Scheibe auf das Schraubenfutter spannen zu können, wird im Zentrum ein zur Schraubengröße passendes Loch gebohrt **(Abb. 4)**. Nun wird die Scheibe aufgeschraubt. Um die Länge der Schraube zu variieren, werden Beilagen aus Hartfaserplatten beigelegt **(Abb. 5)**. Schraubenfutter mit verstellbarer Schraubenlänge sind ebenso gebräuchlich. Als erstes wird das Werkstück außen plan gedrechselt. Die Röhre liegt schräg und etwas aufgedreht auf der Handauflage auf. Gedrechselt wird abwechselnd in beide Richtungen, jedoch nicht über den Rand hinaus, um Ausrisse zu vermeiden **(Abb. 6–12)**. Die Abnahme des Spans erfolgt jeweils an der linken oder rechten Hälfte der Schneidenlinie, wobei die Fase am Holz gleitet. An den wegfliegenden Spänen erkennt der Drechsler die Schnittwirkung des Werkzeuges und stellt so fest, ob die von ihm angewandte Technik richtig ist und die Drechselröhre über eine gute Schneide verfügt **(Abb. 13)**. Danach wird die Handauflage quer zur Drehachse gestellt, um die Stirnfläche plan drehen zu können **(Abb. 14)**. Dabei wird die mittlere oder, je nach Durchmesser des Tellers, auch die große Röhre schräggestellt und die Schneide leicht nach unten gedreht **(Abb. 15)**. Da meist durch ein Verziehen des Holzes eine Wölbung an dieser Fläche besteht und sich somit der ruhigste Punkt im Zentrum befindet, wird von der Mitte nach außen gedrechselt **(Abb. 16–18)**. Sind diese Unebenheiten ausgeglichen, kann auch vom Rand zum Zentrum hin gearbeitet werden. Je mehr die Röhre aufgedreht wird, desto höher ist die Schnittwirkung, es steigt jedoch auch die Gefahr, das Werkzeug durch die stark ziehende Schnittwirkung nicht mehr halten zu können. Der geübte Drechsler weiß zu entscheiden, wann er mit der Schneide etwas nachgeben muss.

Abb. 1

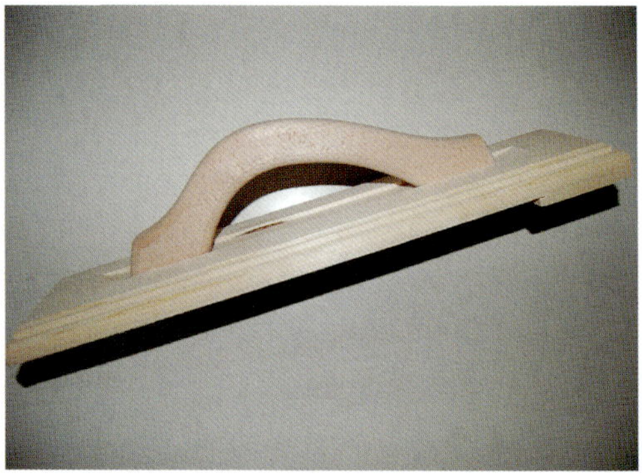

Abb. 2

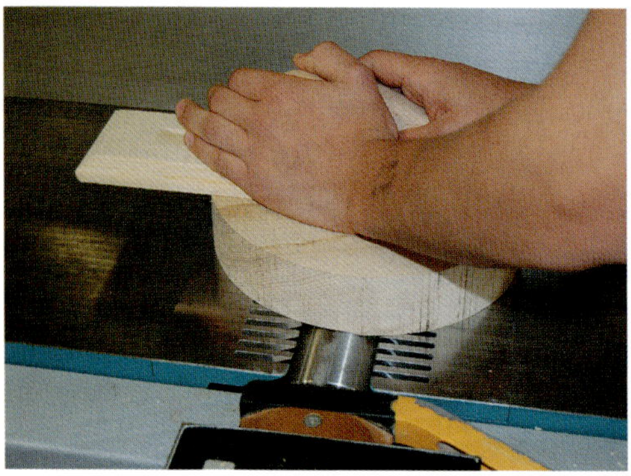

Abb. 3

Abb. 4

Grundübungen im Querholz (Ablauf)

Abb. 5

Abb. 6

Abb. 7

Abb. 8

Abb. 9

Abb. 10

Fortsetzung auf der nächsten Seite

Grundübungen im Querholz (Ablauf)

Abb. 11

Abb. 12

Abb. 13

Abb. 14

Abb. 15

Abb. 16

Grundübungen im Querholz (Ablauf)

Abb. 17

Abb. 18

Die Hohlkehle

Zum Formen einer Hohlkehle wird die Röhre zuerst mit der Fase plan auf die Fläche gelegt **(Abb. 1)**. Das Werkzeug wird mit der Spitze der Schneidenlinie von der Fase weg zur Schneide gebracht, bis der Span abgehoben wird. Danach dreht der Drechsler die Röhre etwas zurück, um die Spanabnahme an die Seite der Schneide zu verlagern **(Abb. 2)**. In einer weichen und fließenden Arbeitsbewegung rollt der Handwerker nun sein Werkzeug über die Fase zum Zentrum hin ab **(Abb. 3–6)**. Die zweite Hälfte der Hohlkehle wird nun von innen nach außen in gleicher Arbeitsweise gefertigt **(Abb. 7–10)**. Diese Drechseltechnik findet besonders beim Drechseln von Schalen ihre Anwendung.

Abb. 1

Abb. 2

Abb. 3

Abb. 4

Die Hohlkehle (Ablauf)

Abb. 5

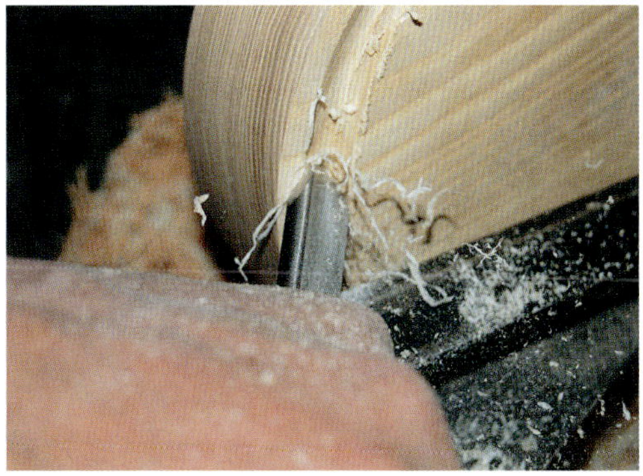

Abb. 6

Abb. 7

Abb. 8

Abb. 9

Abb. 10

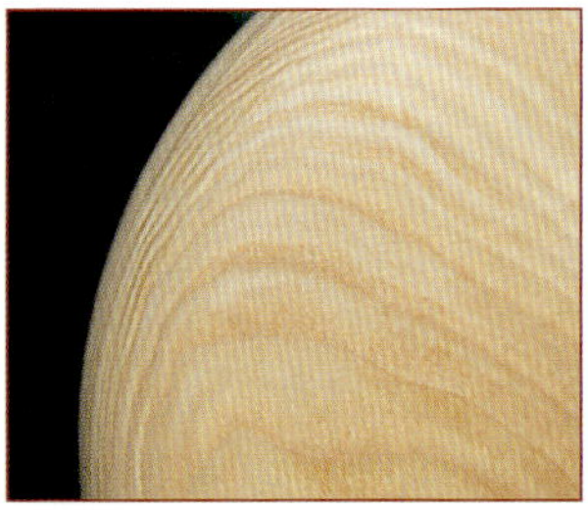

Der Rundstab

Rundstäbe werden im Gegensatz zum Längsholz vom Zentrum nach außen geformt. Das Werkzeug steht schräg zur Handauflage, zeigt nach oben und ist leicht aufgedreht **(Abb. 1)**. Zuerst wird das Material an der Kante abgetragen, um in weiterer Folge den Rundstab in einem Arbeitstakt zu drechseln **(Abb. 2)**. Dabei wird die Röhre weit nach oben geschoben, um auf der Fase gleiten zu können. Dazu muss das Werkzeug entsprechend der Form gedreht werden **(Abb. 3)**. Die Spanabnahme erfolgt an der seitlichen Schneidenlinie **(Abb. 4)**. Das Nachgleiten der Fase am Werkstück ist zur Führung des Eisens unbedingt notwendig.

Abb. 1

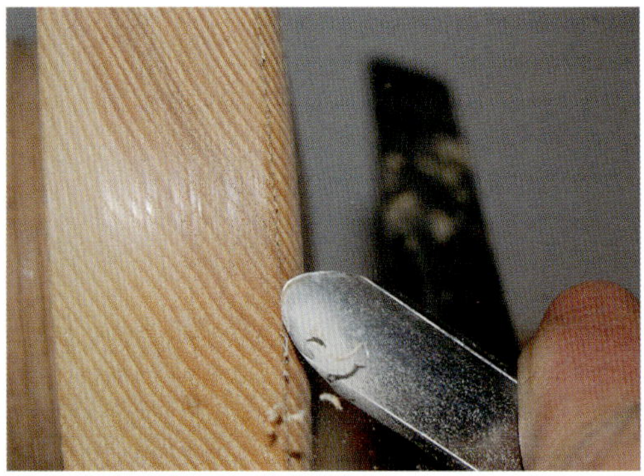

Abb. 2

Abb. 3

Abb. 4

Das Karnies

Das Karnies setzt sich wie beim Längsholz aus Hohlkehle und Rundstab zusammen, wobei beim Querholz immer mit der Hohlkehle begonnen wird **(Abb. 1–3)**. Danach formt der Drechsler mit einem Rundstab die beliebige Kombination eines Karnieses, welches in einem Zug geformt wird **(Abb. 4–6)**.

Abb. 1

Abb. 2

Abb. 3

Abb. 4

Abb. 5

Abb. 6

Schalendrechseln

Schalen sollen stets eine harmonische Form haben. Der Durchmesser sollte immer im Verhältnis zur Höhe der Schale stehen. Den Ideen sind hier keine Grenzen gesetzt. Eine durchgehend gleichmäßige Wandstärke sowie eine fließende Formgebung sind ein wesentlicher Bestandteil einer schönen Schale. Der Sockeldurchmesser, welcher wahlweise als Innen- oder Außensockel geformt werden kann, beträgt stets ein Drittel bis die Hälfte des Gesamtdurchmessers. Schalen ab einem Durchmesser von 150 mm werden nicht mehr auf dem Schraubenfutter, sondern auf der Planscheibe aufgespannt. Die kreisrund ausgeschnittene Scheibe muss auf der anliegenden Fläche abgerichtet sein, damit sie plan anliegt. Vorzugsweise liegt die rechte Seite (Kernnahe Seite) an, da durch die gewölbte Außenform ein möglicher Rindensaum wegfällt **(Abb. 1, 2)**. Es ist darauf zu achten, dass die richtige Drehzahl ausgewählt wurde. Als Erstes wird das Holz plan und laufrund gedrechselt **(Abb. 3, 4)**. Mit dem Spitzzirkel wird der Durchmesser des Sockels aufgetragen. Während die linke Spitze zum Einstechen dient, wird die rechte zur Kontrolle verwendet **(Abb. 5)**. Gleichen beide Spitzen der gestochenen Rille, so ist der genaue Durchmesser aufgetragen. Nun wird der Sockel gedrechselt: Dabei ist darauf zu achten, dass dieser völlig plan und gerade ausgeführt ist **(Abb. 6–8)**. Danach formt man die Außenform mit der mittleren Röhre oder wahlweise auch mit der Schüsselröhre **(Abb. 9–12)**. Mit einem geeigneten Schlichtstahl wird der Sockel etwas hinterdreht, dadurch ist trotz eines möglichen Verziehens der Schale ein guter Stand gewährleistet **(Abb. 13)**. Bevor die Schüssel abgenommen werden kann, muss sie noch geschliffen werden **(Abb. 14, 15)**. Der Drechsler fertigt sich nun eine Aufspannscheibe, um die Schale am Sockel spannen zu können und die Innenform auszudrehen. Dazu verwendet er eine Hartholzscheibe, welche auf der Aufspannscheibe gespannt ist. Nach dem Plandrehen, wird der genaue Sockeldurchmesser aufgetragen **(Abb. 16)**. Mit der Röhre wird die Vertiefung gedrechselt, um in weiterer Folge mit dem kleinen Meißel die Sockelkante zu formen **(Abb. 17–20)**. Eine Fase an diesem Rand verhindert Verletzungen und erleichtert das Anfädeln der Schale. Es ist ratsam, die Vertiefung etwas tiefer als den Sockel zu machen. Um extrem wenig Span abzunehmen, dreht der geübte Drechsler sein Eisen auf und schabt mit der Meißelkante **(Abb. 21)**. Ebenso wie der Sockel der Schale muss auch die Sockelvertiefung völlig plan und gerade ausgeführt sein. Ein mehrmaliges Probieren bleibt auch dem geübten Drechsler nicht erspart. Mit zwei bis drei kurzen Schlägen wird die Schüssel auf die Aufspannscheibe geschlagen **(Abb. 22–24)**. Diese Negativform der Sockelausbildung wird auch „Spiegel" genannt. Dieser Arbeitsschritt bedarf einer sehr hohen Präzision und viel Übung. Aufspannscheiben können natürlich mehrmals verwendet werden. Kommt ein Zangenfutter zum Einsatz, erspart man sich diesen Arbeitsaufwand und hat auch mehr Toleranzfreiheit. Die Schale wird nun an der Stirnfläche unter Verwendung der großen Röhre plan gedrechselt **(Abb. 25, 26)**. Als nächstes muss nun die Schüssel ausgedreht werden. Dazu wird die mittlere Röhre schräggestellt und aufgedreht, wobei diese vorerst an der Fase aufliegt und noch kein Span abgenommen wird **(Abb. 27)**. Nun taucht die Spitze der Schneidenlinie in das Holz ein, bis ein Span abgenommen wird. **(Abb. 28)** Danach wird die Röhre leicht gedreht, so dass sich die Spanabnahme an die seitliche Schneide verlagert **(Abb. 29)**. In einer kreisbogenförmigen Bewegung wird das Eisen zum Zentrum hin geführt, wobei die Fase des Werkzeuges am Holz gleitet **(Abb. 30, 31)**. Dieser Arbeitsschritt wird bis zum Rand hin wiederholt. Da die Tiefe mit jedem Mal zunimmt, bleibt in der Mitte ein Kegel stehen, welcher später abgetragen wird **(Abb. 32)**. Ist ein verzierter Rand der Schale erwünscht, so ist dieser unbedingt vor der endgültigen Wandstärke zu fertigen, da die Schwingungen des Materials sonst zu hoch sein würden und das Drechseln nur mehr schwer möglich ist. Es gilt: je mehr Masse desto weniger Schwingung und Vibrationen. Mit der kleinen Röhre wird nun die Verzierung gedrechselt **(Abb. 33–35)**. Dann wird die endgültige Wandstärke bis zur Sohle der Schale gefertigt **(Abb. 36)**. Mit aufgedrehter und schräggestellter Röhre wird der Kegel im Zentrum abgebaut **(Abb. 37, 38)**. Durch ständiges Messen der Tiefe wird ein zu dünner Boden verhindert. **(Abb. 39) (Achtung bei Innensockel)**. Der Grund des Bodens wird vom Zentrum nach außen gedrechselt, bis die Form fließend zur Rundung überläuft **(Abb. 40, 41)**. Ein zu später Rundungsansatz führt zu Kanten, die nicht mehr behoben werden können. Die Wandstärke soll gleichmäßig verlaufen und wird zur Kontrolle entweder von Hand oder mit dem Greifzirkel abgetastet **(Abb. 42, 43)**. Nun wird die Schale geschliffen, dabei achtet man darauf, dass durch die geringere Drehgeschwindigkeit im Zentrum keine Erhöhung entsteht. Mit prüfendem Blick kontrolliert der Drechsler darauf mehrmals die Oberflächenqualität. Die Schüssel wird nun mit einem leichten Schlag der Hand abgenommen **(Abb. 44, 45)**. Bei stark festsitzenden Schalen bedient sich der Handwerker des großen Meißels und eines Stück Schleifpapiers, um den Sockel vom Futter zu trennen **(Abb. 46)**. Der Meißel spreizt sich zwischen Aufspannscheibe und Schale, dabei dient das Schleifpapier als Zulage, um Druckstellen am fertigen Werkstück zu vermeiden.

Schalendrechseln (Ablauf)

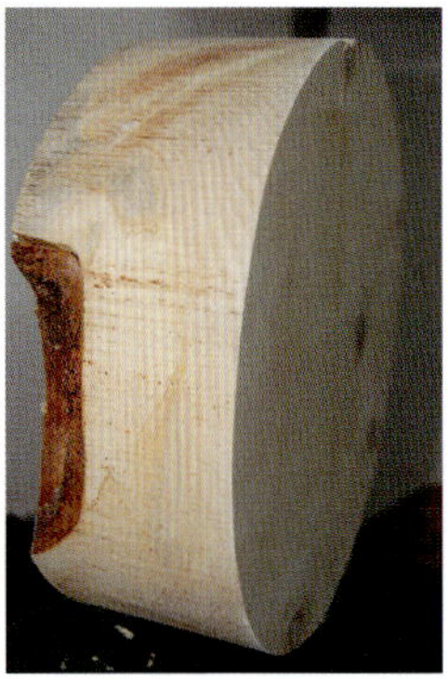

Abb. 1

Abb. 2

Abb. 3

Abb. 4

Abb. 5

Abb. 6

Schalendrechseln (Ablauf)

Abb. 7

Abb. 8

Abb. 9

Abb. 10

Abb. 11

Abb. 12

Fortsetzung auf der nächsten Seite

Schalendrechseln (Ablauf)

Abb. 13

Abb. 14

Abb. 15

Abb. 16

Abb. 17

Abb. 18

Schalendrechseln (Ablauf)

Abb. 19

Abb. 20

Abb. 21

Abb. 22

Abb. 23

Abb. 24

Fortsetzung auf der nächsten Seite

Schalendrechseln (Ablauf)

Abb. 25

Abb. 26

Abb. 27

Abb. 28

Abb. 29

Abb. 30

Schalendrechseln (Ablauf)

Abb. 31

Abb. 32

Abb. 33

Abb. 34

Abb. 35

Abb. 36

Fortsetzung auf der nächsten Seite

Schalendrechseln (Ablauf)

Abb. 37

Abb. 38

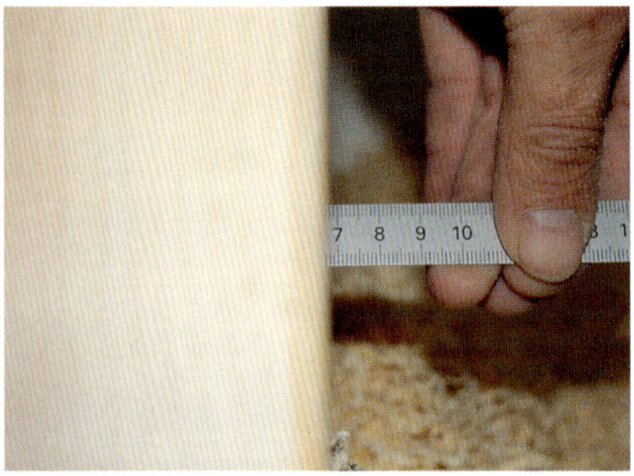

Abb. 39

Abb. 40

Abb. 41

Abb. 42

Schalendrechseln (Ablauf)

Abb. 43

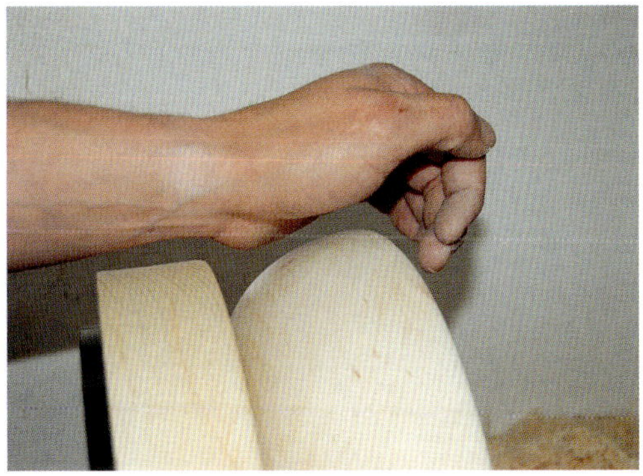

Abb. 44

Abb. 45

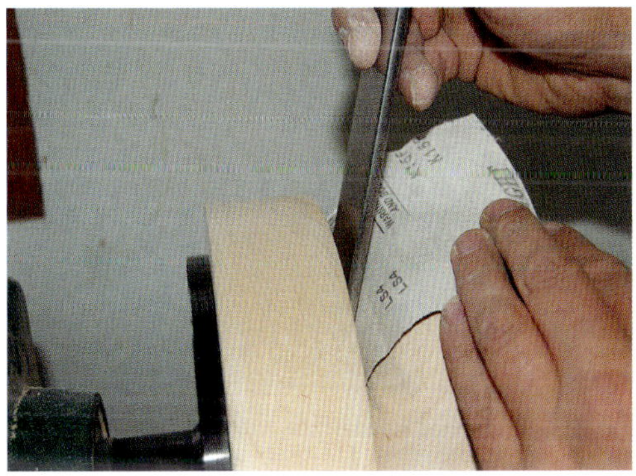

Abb. 46

Drechseln von Rahmen und Ringen

Rahmen und Ringe werden häufig für Bilder, Spiegel, oder als Pass- und Konstruktionselement gefertigt. Während ein Rahmen mit einem Glasfalz versehen wird, sind Ringe im Querschnitt oft als Profilierungen gestaltet. Die Bearbeitung beider Seiten und die damit verbundene Aufspanntechnik ist jedoch bei beiden gleich. Zuerst wird das abgerichtete und kreisrund zugeschnittene Werkstück je nach Größe des Durchmessers entweder auf das Schraubenfutter oder wahlweise auf die Planscheibe geschraubt **(Abb. 1)**. Mit der mittleren Röhre wird die Scheibe außen und an der Stirnfläche plan gedrechselt **(Abb. 2, 3)**. Mit dem Spitzzirkel wird der Falz des Rahmens aufgetragen und mit Röhre und Meißel der Innenfalz gefertigt **(Abb. 4–8)**. Danach wird das Werkstück geschliffen und von der Spannvorrichtung abgenommen. Beim Schleifen ist dabei darauf zu achten, dass die scharfen Kanten an der Innen und Außenkante unbedingt abgerundet werden, um Verletzungen zu vermeiden **(Abb. 9)**. Der Drechsler fertigt sich nun ähnlich wie beim Schalendrechseln eine Negativform (Spiegel) für den Falz, um den Rahmen aufspannen zu können **(Abb. 10–13)**. Die Breite des Rahmens wird aufgetragen, wobei auf die Falztiefe zu achten ist **(Abb. 14)**. Mit der Röhre wird nun der mittlere wegfallende Teil des Materials ausgedreht **(Abb. 15–17)**. Danach wird der Rahmen profiliert. Mittels Bleistift reißt sich der Drechsler die wichtigsten Maße von Rundstab und Hohlkehle auf **(Abb. 18)**. Nun wird mit der Röhre eine Vertiefung, welche später eine Platte bildet, geformt **(Abb. 19)**. Zum Rand hin wird ein Rundstab gefertigt. Dazu legt der Drechsler die Röhre auf die Fase und arbeitet von der Mitte beginnend nach außen hin **(Abb. 20–23)**. Zuletzt wird noch eine Hohlkehle gedrechselt und die Innenkante des Bilderrahmens mit dem Meißel plan gestochen **(Abb. 24, 25)**. Das fertig gedrechselte Werkstück wird nun sauber geschliffen und von Hand abgenommen **(Abb. 26, 27)**.

Drechseln von Rahmen und Ringen (Ablauf)

Abb. 1

Abb. 2

Abb. 3

Abb. 4

Abb. 5

Abb. 6

Fortsetzung auf der nächsten Seite

Drechseln von Rahmen und Ringen (Ablauf)

Abb. 7

Abb. 8

Abb. 9

Abb. 10

Abb. 11

Abb. 12

Drechseln von Rahmen und Ringen (Ablauf)

Abb. 13

Abb. 14

Abb. 15

Abb. 16

Abb. 17

Abb. 18

Fortsetzung auf der nächsten Seite

Drechseln von Rahmen und Ringen (Ablauf)

Abb. 19

Abb. 20

Abb. 21

Abb. 22

Abb. 23

Abb. 24

Drechseln von Rahmen und Ringen (Ablauf)

Abb. 25

Abb. 26

Abb. 27

Drechseln von Schneidbrettern

Schneid- oder Jausenbretter sind ein nützliches Utensil, wenn sich der Handwerker nach erfolgreich geleisteter Arbeit genüsslich zu Tisch setzen kann und etwas für sein leibliches Wohl tut. Schneidbretter werden rationell mit einer Vakuumanlage hergestellt. Da die wenigsten Heimwerker über solch eine Anlage verfügen, werde ich nun eine andere Möglichkeit zur wirtschaftlichen Herstellung solcher Werkstücke beschreiben. Da das Aufschrauben dieser Scheiben auf eine Planscheibe zu lange dauert, bedient sich der Drechsler der Stiftenscheibe **(Abb. 1)**. Diese Aufspanntechnik dient hauptsächlich zum Drechseln von Tellern, daher soll die Materialstärke 30 mm nicht überschreiten. Die kreisrunde Scheibe wird an die Stiften gedrückt und durch das Drehen von Hand zentriert **(Abb. 2)**. Dabei müssen die Flächen der Stifte unbedingt zum Faserverlauf des Holzes stehen. Mit dem Hammer wird der Teller auf die Stifte geschlagen **(Abb. 3)**. Dem Drechsler muss bewusst sein, dass der Halt des Werkstückes wesentlich geringer ist als bei verschraubten Spannsystemen. Daher ist ein unnötig hoher Schnittdruck zu vermeiden. Der Drechsler drechselt zuerst die Flächen plan, um danach die endgültige Form zu gestalten **(Abb. 4, 5)**. Eine Hohlkehle dient meist als Saftrille **(Abb. 6, 7)**. Die Fläche kann wahlweise plan oder auch gewölbt ausgeführt sein. Nach dem Schliff wird das Schneidbrett mit einen kurzen Schlag von der Stiftenscheibe abgenommen **(Abb. 8, 9)**.

Drechseln von Schneidbrettern (Ablauf)

Abb. 1

Abb. 2

Abb. 3

Abb. 4

Abb. 5

Abb. 6

Fortsetzung auf der nächsten Seite

Drechseln von Schneidbrettern (Ablauf)

Abb. 7

Abb. 8

Abb. 9

Oberflächenveredelung

Das Behandeln der geschliffenen Oberfläche mit diversen Oberflächenmaterialien wird aus technischen und ästhetischen Gründen durchgeführt. Durch eine geeignete Behandlung kann ein Vergilben oder Vergrauen des Holzes verhindert werden. Die Oberfläche wird strapazierfähiger, widerstandsfähiger gegen die wechselnde Luftfeuchtigkeit, und ein Eindringen und Haftenbleiben von Schmutz wird vermieden. Ebenso besteht ein Schutz gegen chemische (Säuren, Alkohol, Putzmittel) und physikalische Einwirkungen (Kratzfestigkeit). Die Struktur und Maserung des Holzes wird durch die verschiedenen Behandlungsarten hervorgehoben **(Abb. 1)**. Farbliche Veränderungen tragen zu weiteren ästhetischen Gründen der Oberflächenbehandlung bei. Der Drechsler verwendet vorwiegend Lacke, Beizen, Öle und Wachse zur Veredelung seiner Werkstückoberfläche. Die Holzoberfläche soll stets sauber geschliffen (Korn 120 bis 240) und, wenn nötig, vor der Behandlung gewässert werden, um aufstehende Fasern und Farbunterschiede zu vermeiden. Bei sehr harzreichen Hölzern wie zum Beispiel Kiefer oder Lärche wird das Entharzen des Werkstückes empfohlen **(Abb. 2)**. Dazu verwendet man Salmiak und Alkohol, um eine gleichmäßige Feuchtigkeits- und Farbstoffaufnahme zu ermöglichen. Ein späteres Austreten von Harz durch das Oberflächenmaterial wird verhindert. Die Oberflächenbehandlung erfolgt entweder direkt an der Drechselbank bei gering rotierendem Werkstück oder im ausgespannten Zustand **(Abb. 3)**. Mittels Pinsel, Lappen oder Spritzpistole wird das ausgewählte Material aufgetragen. Das Lackieren wird meist mit einer Spritzpistole durchgeführt **(Abb. 4)**

Abb. 1

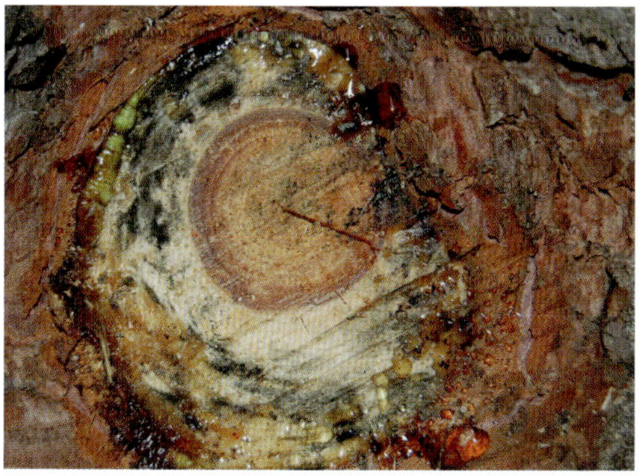

Abb. 2

Abb. 3

Abb. 4

Es gibt verschiedene Lacksysteme:

- Nitro-Lacke
- Säurehärtende Lacke
- Poliurethanlacke
- Kunstharzlacke
- Wasserlacke

Polyurethanlacke bestehen aus zwei Komponenten, d.h. der zu verarbeitende Lack muss zuerst im richtigen Verhältnis gemischt werden. Das jeweilige Mischungsverhältnis sowie Viskosität und Tropfzeit sind den Angaben des Herstellers zu entnehmen. Wie sehr oder wie wenig eine Oberfläche glänzen soll, wird durch den Glanzgrad, welcher als G10 bis G100 definiert ist, bestimmt. Das Auftragen von Grund- und Decklack mit einem feinen Zwischenschliff ist zwingend.

Beim Beizen ist darauf zu achten, dass die Beizen gut aufgerührt sind und im kalten Zustand aufgetragen werden, wobei der Beizeüberschuss entfernt wird **(Abb. 5)**. Da Hirnholz mehr saugt und dadurch mehr Beize aufnehmen kann, kommt es je nach Holzart zu unterschiedlich großen Farbunterschieden. Dem kann man mit Wässern oder durch Vorbeizen mit verdünnter Beize entgegenwirken.

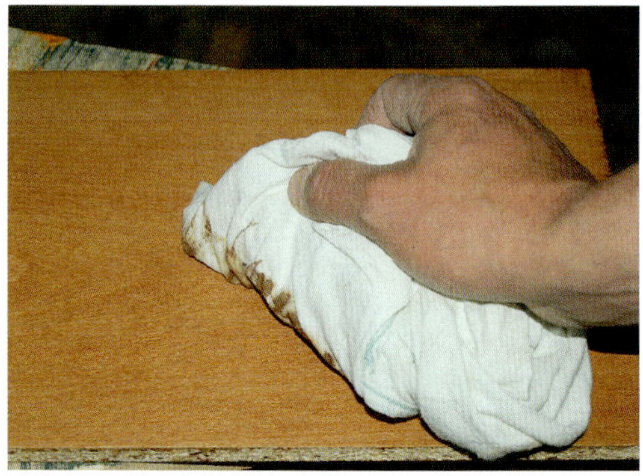

Abb. 5

Arten von Beizen:

- Farbstoffbeizen
- Chemische Beizen
- Pigmentierte Beizen

Die Trocknung von Beizen soll stets schonend erfolgen, d.h. bei Raumtemperatur.

Wachse und Öle

Wachse und Öle sind die perfekte Alternative zu Farbe und Lack. Die Oberflächenveredelung für Naturstoffe, in erster Linie Holz, mit Ölen und Wachsen ist schon seit Jahrzehnten bzw. Jahrhunderten bekannt. Im Laufe der Zeit wurden in der Entwicklung von Holzveredelungs- und Holzpflegeprodukten auf Basis von Wachs und Öl große Fortschritte erzielt, sodass man mittlerweile viele Oberflächen mit alternativen Produkten zum Lack beschichten kann.

Verschiedene Wachse und Öle

Der Naturstoff Holz sowie Öle und Wachse passen gut zusammen. Oberflächen auf Wachs- oder Ölbasis beeinträchtigen die natürliche Eigenschaft des Holzes wie Diffusionsfähigkeit,

Offenporigkeit und Atmungsaktivität sehr gering. Die natürlichen Eigenschaften des Holzes bleiben bei der Behandlung also großteils erhalten. Geölte und gewachste Oberflächen ergeben zudem weitgehend schadstofffreie Oberflächen, die sich positiv auf den Menschen auswirken.

Die verschiedenen ökologischen Holzveredelungs- und Holzschutzprodukte werden auf Basis von pflanzlichen Ölen, rasch trocknenden pflanzlichen Fettsäuren, natürlichen Wachsen und naturnahen, nachwachsenden Rohstoffen hergestellt:

- **Sojaöl** wird aus der Sojabohne gewonnen.
- **Sonnenblumenöl** wird aus den Körnern der Sonnenblume gewonnen.
- **Saflordistelöl** wird aus den Samen der Distel gewonnen.
- **Rizinusöl** wird aus dem Fruchtsamen der Rizinusstaude gewonnen.
- **Leinöl** wird durch Pressen des Leinölsamens gewonnen, eines der meist verwendeten Produkte am Markt. Die Nachteile dieses Produkts sind die sehr hohe Vergilbung der Hölzer sowie die lange Trocknungszeit.
- **Carnaubawachs** ist das härteste Naturwachs, das aus einer palmenartigen Pflanze gewonnen wird.
- **Candelillawachs** wird aus einem kaktusartigen Grasgewächs erzeugt.
- **Bienenwachs** ist ein Insektenwachs von der Honigbiene.
- **Schellackwachs** gewinnt man von der Ausscheidung der Wachsschildlaus.
- **Paraffinwachse** sind fossile Wachse.

Als Lösemittel werden Isoparaffine und Naturöle verwendet.

Die Verwendung dieser Produkte ist für den Drechsler sehr einfach. Das Wachs oder Öl wird mit einem Pinsel, Schwamm oder Tuch aufgetragen und der Überschuss nachgewischt. Nach einer Trockenzeit von ca. acht Stunden kann die Oberfläche mit einem Schleifvlies oder Schleifpapier (Korn 240) zwischengeschliffen werden. Der zweite Auftrag sollte etwas sparsamer sein und mit einem weichen Pinsel erfolgen. Dabei achtet man auf einen sauberen Verlauf des Wachses oder Öles. Nach einer weiteren Trockenzeit von mindestens acht Stunden wird die Oberfläche mit einem sauberen und weichen Leinentuch aufpoliert. Dieser Arbeitsschritt sollte sorgsam und mit viel Geduld vorgenommen werden, um das gewünschte Resultat zu erzielen. Die Trockenzeiten können je nach Produkt, Raumtemperatur und Belüftung verschieden sein.

Das sich neu am Markt befindliche Zirbenöl wurde speziell für den Einsatz auf Zirbenholz hergestellt. Es wird den hohen Ansprüchen, die das Zirbenholz mit sich bringt, hinreichend gerecht, indem es die außergewöhnlichen Eigenschaften, die nur diese Holzart besitzt, in keiner Weise beeinträchtigt und zusätzlich noch ausgezeichnet verstärkt. Durch die Beigabe eines reinen Zirbendestillats, welches aus dem Zirbenbaum gewonnen wird, verstärkt es den Eigengeruch der Zirbe deutlich. Durch die Offenporigkeit und Atmungsfähigkeit dieses Zirbenöls kann das Zirbenholz seine gesundheitsfördernde Wirkung voll entfalten und ist gleichzeitig perfekt geschützt und veredelt.

In Öl oder Wachs getränkte Tücher am besten im Freien zum Abtrocknen aufhängen.

Ich möchte besonders darauf hinweisen, dass bei der Verwendung dieser Produkte die Gefahr der Selbstentzündung der Arbeitsgeräte besteht. Daher müssen mit Öl oder Wachs getränkte Tücher unbedingt in einem verschließbaren Metallkübel aufbewahrt werden. Die einfachere und sicherste Methode ist, die Tücher im Freien aufzuhängen, bis das Oberflächenmaterial ausgehärtet ist. Pinsel und ähnliche Arbeitsgeräte, z. B. Walzen, können mit einer Spezialverdünnung gewaschen werden.

Begriffserklärung

Abrichten	Herstellung planer Flächen
Abziehen	nach dem Schleifen zur Entfernung des Schleifgrates
Aufspannen	das Werkstück sicher an der Drehbankspindel befestigen
Aufspanntechnik	Befestigungstechnik für Werkstücke auf Schablonen, Arbeitsspindeln und Bearbeitungsflächen, mechanisch, pneumatisch oder hydraulisch
Diffusion	Vermischungs-, Durchdringungs-, Ausgleichsvorgang
Ein- und Ausrisse	Absplitterungen von Holzfasern
Fliegend drechsel	Drechseln ohne Reitstock
Fase	abgeschrägte Kante
Haselfichte	Gebirgs-Fichte mit sehr engen, gefalteten Jahresringen, Klangholz
Hirnholz	quer zur Faser liegende Schnittfläche
Hohlkehle	flach- oder halbrunde rinnenförmige Vertiefung
Hohlschliff	entsteht durch die Rundung der Schleifscheibe
Kantel	Hölzer von quadratischem Querschnitt
Karnies	S- förmige Profilform
Keilwinkel	Schneidenwinkel, Winkel zwischen Spiegel- und Fasenfläche
Kern	zentraler Holzteil im stehenden Stamm
Längsholz	nach Faserverlauf
Nachdunkeln	Verfärbungen durch (UV)Licht
Plan drechseln	Drechseln einer ebenen Fläche im rechten Winkel zur Drehachse

Querholz	quer zum Faserverlauf
Rundstab	gedrechselte Form mit halbkreisförmigem Querschnitt
Schlichten	Glätten der Holzoberfläche nach dem Schruppen
Schneidengeometrie	Winkelverhältnisse an einer Werkzeugschneide
Schruppen	grobes Überdrehen der Bearbeitungsfläche
Spitzstab	zwei schräge Flächen bilden eine spitze Kante
Splint	heller Ring zwischen Rinde und Kernholz
Stechen	Herstellen von Vertiefungen
Stirnfläche	Hirnholz
Topfzeit	Gebrauchsdauer
Vergrauen	eintretende Graufärbung der Holzoberfläche durch Verwitterung
Viskosität	Zähflüssigkeit
Werkzeugheft	Werkzeuggriff